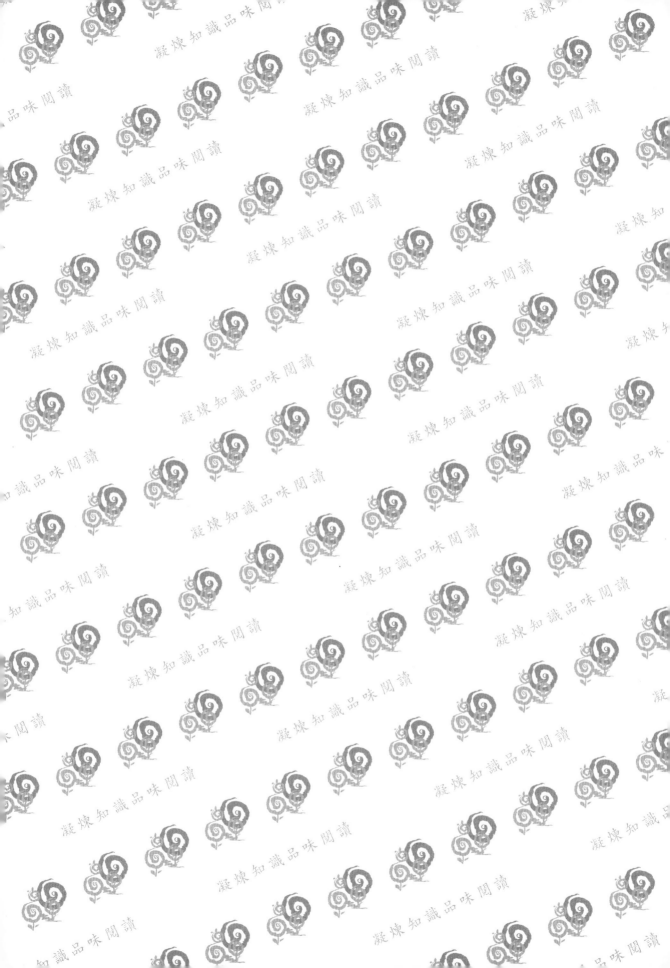

鋰離子電池基礎與應用

羅得良 著

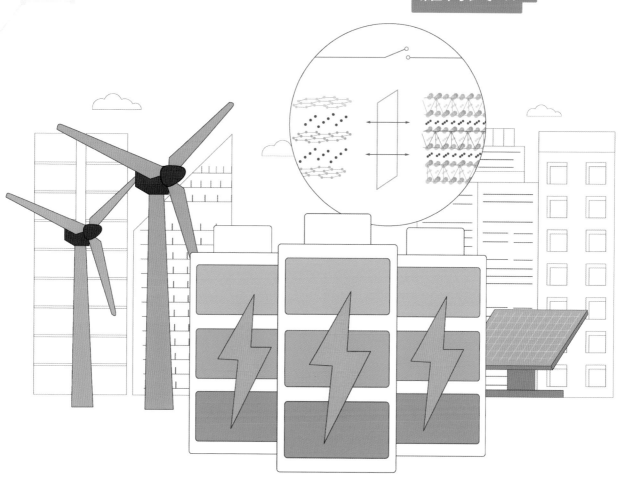

五南圖書出版公司 印行

序言

　　全球人口在 2022 年已突破 80 億，能源消耗快速增加，地球環境破壞日益嚴重，近年人類驚覺節能減碳的迫切，各國政府紛紛將能源問題的處理列為國安政策，除了鼓勵綠能建設，儲能系統與電動車也快速發展成為重要產業，充電電池則是這兩大新興產業的核心元件，而在眾多電池種類之中，毫無疑問的鋰離子電池是最具優勢的主角。

　　充電電池應用的產業廣布且相關工程設計眾多，然而充電電池專業技術大多僅限於電池製造工廠和研究單位，電池供應商基於商業利益往往諱於揭露技術細節，以致從業人員在應用時莫衷一是，甚而錯選適用之電池，撰寫本書之目的即是在協助非電池專業人員，了解鋰離子電池的基本原理及應用上所需的知識。

　　本書共分為七章，涵蓋電化學理論和應用實務，第一章泛談電池應用市場，地球資源有限，人類應善用有限的電池資源於最需要的地方。第二章是鋰離子電池技術的入門說明，相關從業人員可對鋰離子電池的應用獲得基本認識。第三章引進電化學的重要理論，儘量避開生澀的計算和論述，以淺顯方式令讀者得以了解電池技術的原理，知其所以然得而更上層樓。第四章介紹鋰離子電池的組成材料，鈦酸鋰電池則獨立自成第五章，熟悉這兩章對於各種電池的應用足以游刃有餘。第六章探討電池應用的信賴度，包括電池失效的症狀、機制、肇因，以及熱失控問題的分析，第七章闡述電池應用上的設計事項，包括電池組和電池管理系統。

　　本書雖經再三校訂，終因個人才疏學淺，謬誤疏漏在所難免，加以電池技術蓬勃發展，日新月異非一人所能盡窺，本書不足之處還請同業先進不吝指正。

第 3 章　鋰離子電池技術導論（電化學篇）

第 4 章　鋰離子電池材料

第 **5** 章　鈦酸鋰電池介紹

第 **6** 章　鋰離子電池信賴度

第 7 章　電池管理系統

付錄 1 電池製造程序

付錄 2 電池常用名詞

付錄 3 參考文獻

第

1

章

充電電池產品與市場

　　鉛酸電池發明至今已逾 150 年，盤踞全球各個產業領域，包括汽車啓動電瓶、高爾夫球車、堆高機、電動自行車、不斷電系統、無線通訊電源設備等，即使鉛酸電池十分笨重，而且鉛又有危害毒性，不過由於價格低廉、維護容易、安全性高加上完善的回收體系，雖然陸續有鎳鎘電池和鎳氫電池的出現，鉛酸電池的用量規模目前仍是全球最大，幾近全球使用量的一半，但是隨著鋰離子電池的問世，依照產值計算，在 2021 年已被鋰離子電池所超越，且鋰離子電池的年增率正持續快速成長之中，此消彼長，鋰離子電池正在逐步取代鉛酸電池。

　　鋰離子電池最早是應用於筆記型電腦和手機等電子產品，市場規模隨著消費性電子產品的普及而快速成長，目前仍是電子產品的主要電池來源。近十年來電動車和儲能設備的興起，鋰離子電池挾其性能優勢和規模經濟，強力主導**儲能系統**（energy storage system, ESS）和**電動載具**（electrical vehicle, EV）兩大電能市場。

　　電池是能量的儲存槽，但不是可以產出能量的來源，就地球各種能源而言，儲能設備可有效調節能量的使用，特別是對於夜間剩餘電力和太陽能與風能等綠電的儲存移轉，藉由削峰填谷可大幅提升地球有限能源的使用效率。然而應用在電動載具時，則應就地球資源的總體觀點，來衡量直接使用燃料與間接轉換能量之間的效益得失。

　　隨著節能減碳趨勢高漲，電池應用正值風起雲湧，不過電池有一定的使用壽命，最終仍需面臨汰換，**各種能源使用手段的評估，應以「能量」的應用效率爲核心**，而非從技術考量出發，一昧盲目擴張使用，很可能衍生**能源濫用**現象與**汙染**問題，就資源利用效率與降低汙染而言，首需儘量減少使用一次性乾電池，同時汰換使用壽命短的鉛酸電池。電池作爲**儲存能量**和**調節電力**的功能，電能轉換之間都會損失部分能量，除非能夠找出豐富的新型能源，否則在有限的能源供應下，仍以直接使用電能的效率較高，再者，地球礦產資源有限，人類能夠製造和處理的電池數量總有所限，因此電池在應用型態上仍當以**必要性**和**有效性**爲優先，期達到調節電能、增進效益之目的，應防範過度濫用，以免反而造成地球汙染。

儲能系統

儲能系統的功能如同水塔，一言蔽之就是儲存和調節電能，機能雖然單一，作用卻可變化無窮。以小型儲能設備爲例，例如**不斷電系統**（UPS）、**攜帶式電源、啓動救援電瓶、移動式充電器**等，產品琳瑯滿目；就大型儲能系統而言，可藉以搭配**創能發電、電網調度、智能節電**，生活所需的電能才得獲致有效利用。儲能系統與電網架構的關係如圖 1-1.1 所示，並依次說明其功能如下。

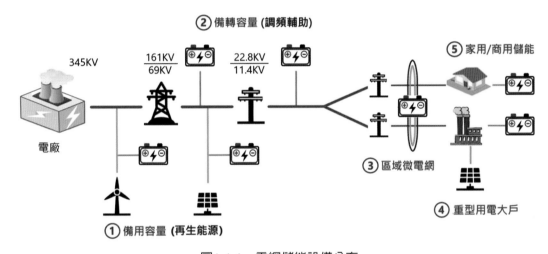

圖1-1.1　電網儲能設備分布

1) 綠能發電平滑化

綠能泛指來自大自然的能源，在擷取能量的過程中不會伴隨產生二氧化、硫氧化物、懸浮微粒等汙染環境的產物，包括太陽能、風力發電、水力發電、地熱等都是乾淨的能源。然而綠能往往受到大自然的影響而無法穩定發電，尤其是太陽能和風能，有時艷陽高照、偶又烏雲蔽日，或是風力忽疾忽緩，都會造成發電能量的劇烈變化，因此需要儲能設備在產電過多時加以吸納調節，**藉以維持供給電網的電力在一定功率範圍內**，不致因產電的高低起伏而造成電網的衝擊。

2) 電網供電穩定化

電網對下游用戶端的供電量是跟隨使用量來提供，若用戶消耗 1KW，電網就必須同步提供 1KW，當用電量減少時，只需暫停部分電力供應，處理上相對容易，然而當電力需求增加或有電力設備故障時，一旦需要及時補足發電量就沒那麼輕鬆了。整合**調頻備轉、即時備轉、補充備轉、需量反應**等手段，可共同支援電網的電力需求，有效穩定電網的供需。另外，儲能系統如同河流旁的大池塘，亦能紓解**電網輸送電力壅塞**和**變電所容量不足**等電力設備需求問題。

其中，對於需要每秒追隨電網頻率來調節的調頻備轉功能，採用儲能系統最為合適，電池系統調頻備轉除了在電網供電不足時補充電力，也能在電網發電過剩時吸取電力，獲致截長補短之功用，在穩定電網供電之外，還能節省多餘電力，提升發電量的整體使用效率。

3) 區域電網分散化

微電網（microgrid）是指由在地的分散式電源（distributed generation）以及儲能系統組成可獨立運作的小型電網。中央式電網固然有統一調配的優點，相對的容易相互牽扯連動，有時會因為單一機組故障或局部超額負載而造成大範圍的跳電，區域微電網藉由自主發電與調節來供應區域用電，如同獨立船艙的概念，可作為孤島運行或在大區域電網有狀況時，藉由當地小型電源及儲能設備來支應地區所需，避免用電受到連帶影響。

4) 重型用電自主化

工業發達國家，工業用電往往比商業或家庭用電占用更多的電力資源，基於保護生存環境的地球公民責任，這些重度用電大戶應負起節能減碳的相對義務，包括**裝置綠能設備、購買綠電憑證、設置儲能系統**等。綠能設備的建置，很大部分受制於自然環境條件，太陽能需要足夠日照和土地面積、風能需要適當的風力場域、水力和地熱需要特殊地質地形，而儲能系統不僅能量密度高，且占地面積小，更無須挑選特定環境，設置儲能系統來調節用電，將是最為有效的電力自救方案。

5) 家戶節電智能化

家庭和商業用電隨人類生活圈而分布，兩者合計的電力使用總量十分龐大，對於綿密廣布的電力網絡而言，如何節約和調配用電變得非常重要。運用數位電錶紀錄用電情況並能區隔電力來源，是智慧用電的基礎。裝置中小型儲能設備具有兩大效用，一是可供家庭或商店在夜間儲存便宜的電力，移轉到日間或尖峰用電時使用以節省電費；二是在遇有電網跳電時，仍可自給自足一段時間，如同住宅水塔之於自來水系統一般，當儲能電塔普遍設立，就不用再擔心電網臨時跳電了，然而，智慧化用電除了需要數位電錶的普及，家用小型儲能系統仍有電池安全問題亟待解決。

6) 削峰填谷平移化

建置新電廠需要長期規劃與執行，運轉中發電機組的總發電量也無法在短期內大幅增加，然而人們每日使用電力的情況卻有劇烈變化，日間大家展開各種活動，加上工廠開工用電驟然升高，特別是在夏季，冷氣用電量往往會逼近總發電量的極限，深夜後人們活動減少，大部分的工廠休息，用電量也隨之下降，因此，如何將夜間多餘的發電量儲存起來，再轉移到日間尖峰使用，削峰填谷成為各國政府主要的電力政策之一。

日間用電量扣除太陽能供應的電力後，可藉由儲能設備將夜間過剩的發電量（綠色區）移轉，供日間使用（紅色區），藉以降低發電機組的尖峰發電量。

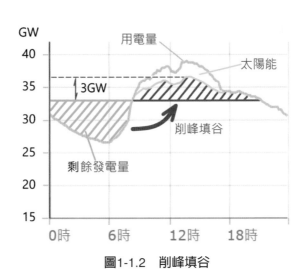

圖1-1.2　削峰填谷

5

電動載具

電動巴士　　　　電動車　　　　電動機車　　　　AGV　　　　高爾夫球車　　　　堆高機

圖1-2.1　各種電動載具

　　鉛酸電池應用在動力設備上已行之有年，直到能量密度較高的鋰離子電池出現，加上環保減碳的趨勢，才掀起更廣泛的電動風潮。即令鋰離子電池在各項性能優於鉛酸電池，唯獨在安全性上石墨系電池仍不如鉛酸電池來得穩定，且鉛酸電池價格甚為低廉，因此時至今日堆高機、高爾夫球車、代步車等，仍以鉛酸電池為主要動力來源。

　　鋰離子電池能量密度高，續航力遠遠勝過鉛酸電池，明顯呈現在電動車、電動巴士、電動機車、無人載具這些新興產業上，經由商業的強力宣傳，電動產品的里程焦慮掩蓋了安全的隱憂，在各國節能減碳政策推波下，希望找出更佳的解決方案，電池供給因而成為各國政府的戰略能源產業，不過在新型能源尚未商品化之前，如何有效運用石油仍是人類共同議題。

1) 電動車

　　電動車可概分為**純電池車**（battery electric vehicle, BEV）、**油電混合車**（hybrid electric vehicle, HEV）、**插電式混合車**（plug-in hybrid electric vehicle, PHEV）三大類。

　　油電混合車在起步時用電、煞車時充電，可大幅提升汽油的利用率，同樣的油量行駛距離為傳統汽油車的兩倍，電池只是作為電能調節空間，所需配置的電池數量僅有純電車的 5%，上路前也不需要施加充電，耗用電池材料少，成本相對便宜，就能量使用率而言，油電混合車可直接將汽油在傳統油車的使用效率提高一倍，電動車受

限於各種現實因素，油電混合車將是節能減碳最大的貢獻者。

純電動車的普及受到整體電力架構的限制，包括需增建新電廠以供應電力來源、電力供給的輸配電線設施、充電場所土地的取得、充電樁設置等問題，而且快速充電勢在必行，巨量的充電功率也會改變現有用電結構，再者，電池材料的鋰金屬和其他材料的礦場產量總有極限，成本終將反向攀升，種種因素都將是純電動車普及化的障礙。

雖然許多國家急於制定法規提倡純電池車，然而平均每一千萬輛純電車至少需要10GW 的發電量來供給，且考量電能傳輸路徑的損失、交直流與高低電壓轉換、充電效率的損耗、以及電池材料和製造過程的消耗等，純電車在電能的整體使用效率並不如油電混合車，在電池技術尚無革命性突破以及新型能源尚未商品化之前，礙於電力來源和電池原料供給，全球純電動車的總數量將會有所侷限。

隨著充電樁的普遍設立，可有效降低都會區的里程焦慮，因此主供日常上下班的短程型電動車將轉向使用較小的電池組，車體也有**輕型化**的傾向，**兩人座**的小型電動車已經問市，除了減輕車體重量，更可降低總體成本，搭配快充技術，預料將會推動輕型電動車的興起。

插電式混合車是純電池車和油電混合車的綜合產品，既可純以電力行駛，亦可在電力不足時切換成引擎動力，由於兼顧環保、省電又可免去里程焦慮，市占率有逐步增加的趨勢。

2) 電動巴士

電動巴士可分為**市區電巴**和**長程電巴**，充電方式可以用**一般充電**或**短程充電**（opportunity charging），由於使用電池的容量較小型電動客車更加龐大，**大功率快速充電**將成為電動巴士的標準配備，昂貴的電池成本以及動力技術的改變，電動巴士與其說是交通工具，更像一個可**高速移動的電能設備**，一部搭配 120 度電的電動巴士，其電力足供四口之家連續使用一週以上，若在社區設置電力轉換裝置，令電動巴士可停靠連接，將電池的高壓直流電轉換為低壓家庭電器使用，未來在應用上的各種發展可能性，端視人類賦予豐富的想像力。

3) 電動機車 / 電動物流車

　　電動機車概分爲**充電式**與**換電式**，充電式又分作電瓶固定在機車上的**內充式**和電池可取出充電的**外攜式**。

　　固定內充式或**可攜外充式**各有優劣，端看消費環境的條件和使用習慣，電動機車的大電流快速充電已是大勢所趨，但是基於電力供應與安全疑慮，一般會設置專屬充電站，都會區公用地取得不易，一般會與加油站和機車維修點結合，居家充電雖然便利，但也伴隨祝融的風險。

　　換電式電動機車由經營商設置充電櫃，預先對電瓶充電，騎士只需到換電站更換電瓶，程序簡便又可節省充電時間，然而隨著共用電瓶的老化，行駛的續航力往往難以掌握。換電模式最大的問題就在電瓶的汰舊換新，由於石墨系電池的使用壽命短，老舊電瓶的騎乘里程將逐漸減少，更新電瓶的成本則是經營上的最大負擔。

4) 其他電動載具

　　電動載具並非新的發明，高爾夫球車、代步車、堆高機等早已存在數十年，除了交通工具，其它各種載具勢必將也會逐步電動化，加以人工智慧的輔助，無人搬運車、無人機、機器人等也將滲透入製造業、軍工業、服務業、家庭以至個人，只要能夠取代人力或提升效率，各種應用產業的蓬勃發展指日可待。如同當初新的資訊技術發展出個人數位助理（PDA），未來由電池供給動力，結合微控機械 MEMS、資訊技術 IT、虛擬實境 VR、與人工智慧 AI，創造出各種型態的**個人生活助理**（personal life assistant, PLA）當屬意料中事。

電池市場發展極限

全球節能減碳趨勢使得能源政策躍升爲國家安全議題，充電電池具有儲存能量和調節電力的功用，成爲綠能政策不可或缺的一環，各國政府莫不傾力發展儲能系統和電動載具，兩大市場亦以極高的複合成長率快速增長，市場需求的力道強勁無庸置疑，然而隨著電池供給量體的大幅增長，驅動電池產業的兩大隱憂終將浮現，一是電動車充電的電力來源不足，二是電池材料的供給有限。

1-3.1 地球電力供應來源

人類在地球上可使用的主要能源，依來源屬性可概分爲**蘊藏型**（礦產型）、**動能型**、**核能**、**太陽能**，請參考圖 1-3.1 依次說明如下：

1) 蘊藏型能源

煤、石油、天然氣等源自地球礦產的能源，容易因爲燃燒作用而產生汙染，而且相對於人類使用規模，這些能源蘊藏數量總有使用殆盡的一天。**地熱能**（geothermal energy）是另一種蘊藏型的能源，可經由水或蒸氣等媒介將地殼下的高溫熱能上傳，理論上，若能發展出足夠效能的抽取工具，地球內部熔融物質的熱能將是人類極大的能源寶藏。

氫燃料電池發展至今已逾五十年，技術十分成熟，氫氣的取得主要來自天然氣甲烷的提煉，優點是氫氣經過催化分解產生電流之後，再跟氧氣反應成水，並不會產生二氧化碳，然而在甲烷提煉的過程中仍會產生二氧化碳，總體實質效用等同使用天然氣，只不過是在提煉過程中，可發展補捉和封存二氧化碳的技術，以避免二氧化碳的排放。至於利用電力電解水來產生氫氣，首先電解水會損耗 20%～30% 的能源，電池反應後的熱能又容易散失，總體的能量使用效率僅約 50%～60%，相較鋰離子電池 95% 以上的電能使用效率，氫燃料電池在節能減碳的效果有限。另外，催化劑鉑的成本偏高，可替代的催化劑仍有待突破，加上人民對高壓加氫站的畏懼心理，氫燃料

電池的商業化仍有一段漫長的路。

2) 動能型能源

水力、風力、洋流潮汐等是源自地球構造、自轉、氣候、太陽輻射和月球引力等所形成的流動能量。這些地球蘊含的動能，看似可轉換成對環境無害的綠能，但是仍需仰賴地形和氣候，在供給上並不穩定，轉換效率和堪用總量也有其極限。

3) 核能

由基本粒子作用產生的**核分裂**或**核融合**是物質能源的終極利用。核分裂產生的核廢料處置目前仍是個棘手問題，而核融合技術各國目前尚在研發之中，其實用效率和可能引發的副作用猶不得而知，然而隨著地球可用能源逐漸耗盡，核能將是無可避免的選項。

4) 太陽能

來自地球外部的**太陽輻射能**，可經由多種方式來轉換使用，包含藉由光合作用生長的草木植物，廣義上亦可視為太陽能的副產物燃料，甚至雲氣、風力、洋流都是受到太陽輻射熱能的影響。只要太陽存在的一天，太陽能可說取之不盡，然而太陽能板目前的能量轉換效率僅略高於20%，且在設置上仍受到眾多地理與氣候條件的限制。

地球緯度越高越不利太陽能的接收角度，緯度50度以上的地區幾乎不具設置太陽能板的價值；而地球中低緯度區域絕大部分是海洋，不適合設置太陽能電廠，陸地面積相對較小；在有限的陸地上還得要扣除高山、河谷、湖泊等不利地形，也不可占用農田、果園、森林、植物所需的日照，加以城市建築道路架設成本過高；況且最終堪用的剩餘地表面積仍要看天候的有效日照時數，因此就實務上，地表的太陽能板並不足以供給全人類每日的能源需求。

戴森球純屬人類擷取恆星能量的終極想像，然而在地球上空架設太陽能電廠是未來的可能發展方向，不過除了鉅額建置成本之外，如何在地球軌道鋪蓋太陽能收集器，以及如何發展聚光技術將收集的能量傳輸回地面，仍有太多的挑戰等待克服。

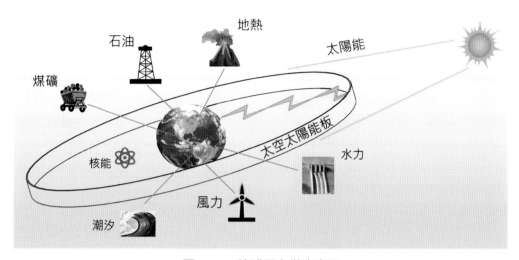

圖1-3.1　地球電力供應來源

綜上所述，在人類能源科技尚未突破之前，仍須仰賴現有的地球礦產、綠能、核能來供應，然而眼前八十億人口包括工業、商業、家用所需的電力已經力猶未逮，設置儲能系統固然有助電力的調配，但是推行電動車反而需要增加電力生產來源。

電動車萌芽期總量若在數千萬輛以內，尚可從現有電力系統分配電源來支應，隨著電動車規模的增加，初步估算每一千萬輛純電動車平均約需 10GW 以上的發電量來供給，總體規劃投資包括：增建新電廠、加設電力輸配電設備、取得充電場所土地、設置充電樁等，況且快速充電勢在必行，巨量的充電功率也會改變現有的用電結構，同時拉高充電設備的規格等級。另一可能解決方案是建置儲能設備，藉由調節電能搭配充電樁使用，然而昂貴的電池又令成本雪上加霜。上述任一環節都會造成電動車發展的瓶頸，並將限制全球 15 億輛汽車轉換成純電車的比例。

1-3.2 電池材料供給限制

以每 1GWh 鋰離子電池平均約需碳酸鋰 550 噸計算，每一千萬輛純電動車約需 40～50 萬公噸碳酸鋰，由於地球礦產資源有限，除了開拓更多礦源，建立鋰離子電池回收體系，提升回收技術，亦是必需的手段，然而人類能夠製造和處理的電池數量有其極限，隨著電動車、儲能系統和各類電池應用的普及，未來電池價格將會因供需問題而大幅變動。

　　就能源使用效率而言仍以直接使用產電的電能為佳，每一次的充放電都會造成能量轉換損失，在有限的能源供給下，電池的使用應當考量以「**必要性**」和「**有效性**」為優先，達成**調節電能、增進效益**之目的，過度濫用電池不僅無助使用效率，反而造成地球汙染，有違人類節能減碳的良善初衷。

2章 鋰離子電池技術導論（應用基礎篇）

　　鋰離子電池顧名思義即是以鋰離子作爲傳輸媒介的電池，現有的鋰離子（Lithium-ion）電池依正負極材料種類，大致分成鋰三元（NMC）、**磷酸鐵鋰**（LFP）、**鈦酸鋰**（LTO）三類。鋰三元電池伴隨著低功率的筆電和手機產業而成長，挾其規模經濟的低成本優勢而進入動力型和儲能型設備市場，然而其**安全性**和**使用壽命**等特性並不符合新興綠能產業之要求，後續雖有磷酸鐵鋰電池因應而生，但在實際使用後也發現**一致性不佳**、**自放電率過高**等缺陷，且**安全性**問題依然存在。全球電池市場需求日益增大，如何提升電池各項效能，尚有賴新材料與新技術之持續研發。

　　本章首先說明電池氧化與還原反應的原理和極性，以利後續電池特性的分析，而後介紹鋰離子電池的組成與分類，第 2-3 節針對工作電流對電池各項特性的影響詳加闡明，同時概略敘述溫度與電池容量的關係，接著列出造成電池個別差異的內外因素，及處理電池不一致性的方法，另外在考量工作電流倍率、荷電量（SOC）、溫度、使用條件等基礎下，電池使用壽命的比較才有意義，第 2-7 節提出電芯封裝材質與尺寸大小對電池特性、製造、應用的影響，最後討論電池充電的控制方法。

電池基礎與極性

　　兩種物質之間由於對電子丟失或接收的難易程度不同，因而產生電壓差，單一物質有一定的電位存在，但是需要有另一種物質才會有相對電位差距，只有自身一種物質是無法造成電子的得失移轉，電池即是利用兩種以上物質的電位差來提供電能。**充電電池**（rechargeable battery）泛指可反覆充放使用的電池，相對於使用一次就失效的**一次電池**（primary battery），充電電池又被稱為**二次電池**（secondary battery）。

　　充電電池利用正負極兩種活性材料，由個別發生電池半反應的**還原電位**差距（reduction potential）所驅動，並搭配適當的**離子當載體**，透過**電解液**為內部通道，在陽極進行釋出電子的氧化反應（oxidation），同時在陰極進行接收電子的還原反應（reduction），且陰陽極上的活性材料可反覆進行氧化和還原反應，藉此作為**內部化學能與外部電能**轉換的儲能裝置。

　　使用**鋰離子**當載體稱作鋰離子電池，同樣原理也可使用**鈉離子、鎂離子、鋁離子**等形成各類離子電池。就電化學氧化和還原的過程而言，最主要的反應在固態正／負極活性材料和電解質（液）之間的**界面反應**。

2-1.1 氧化還原與電池極性

　　電池的正負極是以**電池放電時**輸出正電流的方向來定義，電池正負極的實體位置是固定的，極性名稱不會隨充電或放電而改變。（圖 2-1.1）

　　放電時，負極會進行氧化反應，將帶負電荷的電子推出電池外部，帶正電的陽離子（cation）則融入電池內部的電解液；反之，正極則進行還原反應，接收外部帶負電荷的電子流入正極，與來自電解液帶正電的陽離子結合後，成為正極活性材料的一份子，兩個半反應共組成一個反應迴路。**充電時**，外部的電子流入負極進行還原反應，與電解液中帶正電的陽離子結合後，成為負極活性材料的一部分；正極同時進行氧化反應，將正極活性材料中的電子向外釋出，帶正電的陽離子則傳入電解液中。

　　電池的**陰陽極**是以化學的**還原反應或氧化反應**來定義，電池正極會依充電或放電

而進行氧化或還原反應，負極則與正極呈互補的逆向反應，因此**陽極**（anode）或**陰極**（cathode）的實體位置是不固定的，極性名稱會隨充電或放電而變換為陰極或陽極。

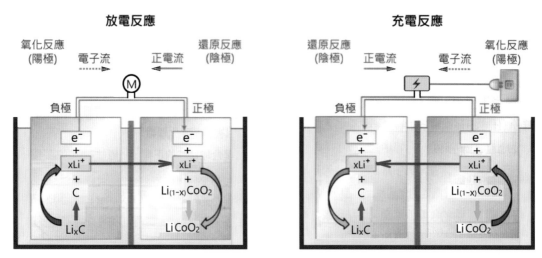

圖2-1.1　鋰離子電池極性位置

電池正負極的實體位置是**固定的**，就<u>電池正極和負極的觀點</u>來看：正極在放電時（左圖），是接收帶負電荷的電子流進行還原反應，這時的正極是陰極；正極在充電時（右圖），將電子向外釋出進行氧化反應，這時的正極是陽極。反之，負極在放電時是陽極氧化反應，在充電時則是陰極還原反應。

電池陰陽極的實體位置是**變動的**，就<u>電池陰極和陽極的觀點</u>來看：陰極接收陽離子和帶負電荷的電子流結合，進行還原反應，在充電時電池負極是陰極（右圖），在放電時電池正極是陰極（左圖）；反之，陽極產生陽離子並將電子向外釋出，進行氧化反應，在充電時電池正極是陽極（右圖），在放電時電池負極則是陽極（左圖）。

充電電池的各種特性參數，包括：電壓（voltage）、電容量（capacity）、內部阻抗（internal resistance）、自放電率（self-discharge rate）、電池能量密度（energy density）、工作溫度範圍（operating temperature range）、充電電流（charging current）、放電電流（discharging current）、使用壽命（cycle life）、安全等級（safety level）等，將陸續詳加討論。

2-1.2 電池與電容之區別

電容也可儲存電能，但與化學電池不同的是，物理性**電容**純粹以**靜電原理**作用，電子只依附於負極材料的表層，電子並未參與氧化還原的化學反應，不會有化學結構和材料物性的變化，因此電壓和電量的關係可以簡單的公式：V（電壓）= Q（電量）／C（電容）來表達，電容的電能密度也遠較電池含量低，充放電曲線也明顯不同。

相對的，**電池**由於複雜的**氧化還原反應**，電壓和電量的關係並非規律的線性對應關係，在低電量的充電初期、中間主要充電階段、高電量的充電末期，往往呈現不同斜率且非線性的關係，特別是在主充電階段雖然電流不斷流入電池內，但是電池電壓並無明顯增加的現象。

各類電容中的**電解電容**，乍看之下與電池結構十分相似，只不過它的電解質是拿來當作負極儲電材料，與電池裡作為離子傳輸媒介的電解質作用完全不同。另外，**電雙層電容**（electrical double-layer capacitor, EDLC）或稱**超級電容**（super capacitor）與電池的結構就更加相像，在兩個金屬電極塗佈活性碳，之間隔著一層絕緣膜，中間填充電解液，利用活性碳比表面積大可儲存較多電量的特性，電解液作用則如同介電質（dielectric），由於靜電引力在活性碳表面鄰近聚集相反電性的粒子，形成電雙層結構，然而，與電池最大不同就是正負極不會發生化學反應，沒有材料性質的改變，超級電容的能量密度雖然遠超過傳統電容，但是與電池相比仍有數倍的差距。

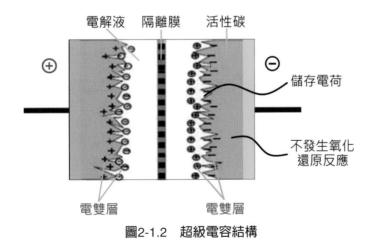

圖2-1.2　超級電容結構

備註：電池極性令人混淆的原因，除了因為電池的陰極和陽極隨著反應方向而變動位置，與電池上固定的正極和負極位置並不一致之外，翻譯名稱上 anion 是陰離子，anode 是陽極，cation 是陽離子，cathode 是陰極，也經常造成中文名詞使用時的困擾。

鋰離子電池組成結構與種類

　　鋰離子電池由**正極材料片**（英文慣稱陰極 cathode material）、**負極材料片**（英文慣稱陽極 anode material）、**隔離膜**（separator）、**電解液**（electrolyte）、**集電片**（current collector）、加上**封裝外殼**組合而成。雖然都是以鋰離子作爲化學反應的傳遞媒介，但是上述各部分的組成都有許多不同的材料，爲了區分與比較，鋰離子電池可由外型與封裝材料、正負極材料、電解液等來加以分類。

2-2.1 鋰離子電池組成

　　請參考圖 2-2.1，鋰離子電池的正負極片通常是以銅箔或鋁箔爲基材，將正負極材料塗佈其上，並加以壓實和烘烤，**正負極材料**包括：**活性物質**、**黏結劑**、**導電劑**、**抗凍劑**等以及摻雜其它改善電池性能的**添加劑**，再加上**溶劑**予以調和，其中的活性物質是擔負氧化還原反應的主角；正負極的**集電片**則分別將正負極片搭橋引出，以銜接電池外部的正負極端點（terminal）；**隔離膜**是一多孔性塑膠薄膜，放置於正負極片之間作爲絕緣之用，電池組成浸潤在電解液中，**電解液**作爲離子的運輸通道但不會傳輸電子；隔離膜的微小孔洞則允許離子藉由電解液往返於正負極片之間。

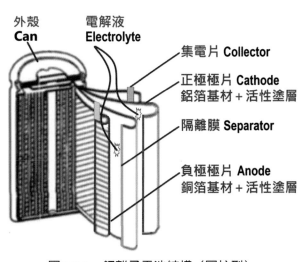

圖2-2.1　鋰離子電池結構（圓柱型）

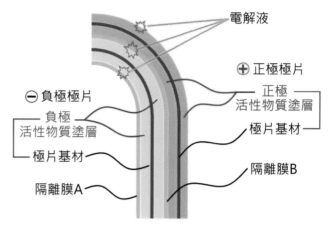

正負極片以金屬箔為基材，正極鋰氧化物通常使用鋁箔，負極石墨一般採用銅箔，在基材的**雙面塗佈活性物質**，每一極片的兩面外層都放置隔離膜藉以絕緣。

圖2-2.2　電池正負極片組成

2-2.2 鋰離子電池外型與封裝材料

　　電池組成可就外型和封裝材料來區別。電池從**外型上**可分為圓柱形、矩形、鈕扣型、和不規則型。將電芯捲繞成圓形為**圓柱型**電池（cylindrical），這類外型封裝習慣以直徑加長度稱呼，譬如 18650 即是指直徑 18mm 長度 65mm 的電池，型號只代表外型尺寸，不代表電池的材料類別或電壓，封裝內部可以採用任何有效的電池材料。

　　矩形電池（prismatic）可以採用層層堆疊或捲繞後壓扁方式封裝，這類外型封裝則以長寬高稱呼，由於矩形電池的技術難度在於極片總成厚度，其次是集電片封口，因此一般會將電芯厚度標示在前，封口寬度次之，譬如 123048 即是指厚度 12mm* 寬度 30mm* 長度 48mm 的電池。為了搭配產品的空間需求，也可製作不規則形狀的電池，端看電芯生產模具成本是否符合使用效益。（圖 2-2.3、圖 2-2.4）

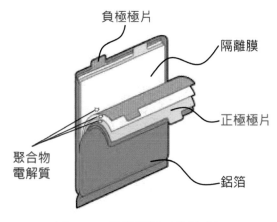

圖2-2.3　矩型電池（堆疊式）

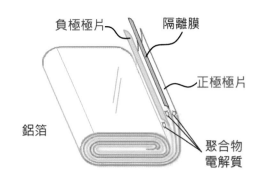

圖2-2.4　矩型電池（捲繞式）

由於使用液體電解液，電池一般以**硬質**金屬罐來封裝電芯，也有使用膠狀高分子聚合物電解質來取代電解液，如此就可以採用**軟質**的鋁箔封裝，即所謂的**鋰聚合物電池**（Lithium-ion polymer），其正負極材料、化學反應、電池特性與一般鋰離子電池是相似的。

2-2.3 鋰離子電池正負極材料分類

現有的鋰離子（lithium-ion）電池從**正負極材料**上，大致可分成鋰三元系（lithium nickel manganese cobalt oxide, NMC）、**磷酸鐵鋰**（lithium ferro-phosphate, LFP）、**鈦酸鋰**（lithium titanate oxide, LTO）三大類，工作電壓平台分別為 3.7V、3.2V、2.4V。

鋰離子電池通常以正極材料為名，譬如**鎳酸鋰**（lithium nickelate）、**錳酸鋰**（lithium manganate）、**鈷酸鋰**（lithium cobalt oxide），將這三種正極材料以不同比例混成，稱為鋰三元（NMC），後又有以鋁取代錳的另類鋰三元（lithium nickel cobalt aluminum oxide, NCA），或者亦可將上述材料混成**鋰四元電池**（NCMA），藉由調配相對比例以製造出所需補強的特性。這些正極材料大多搭配石墨為負極材料，由於晶格結構的近似性，這類電池的工作平台電壓大約在 3.6V～3.8V 之間，各種電池特性也十分相似。

鋰鐵電池即是正極採用磷酸鐵鋰材料，搭配石墨為負極材料所組成的電池，其電

壓平台為 3.2V，同樣的，磷酸鐵鋰也可摻雜錳成為**磷酸錳鐵鋰**（LMFP），由於也是使用與鋰三元電池一樣的石墨作為負極，各種特性或有不同，但是總體而言兩者有著近親般的相似屬性。

　　鈦酸鋰電池使用的正極材料為鋰三元系列，但與一般鋰離子電池不同的是，鈦酸鋰電池的負極材料不是鋰三元或磷酸鐵鋰電池所使用的石墨系，而是採用鈦酸鋰材料。以三維尖晶石結構的鈦酸鋰取代層狀結構的石墨為負極，在各項電池特性上產生了全面的改善效益。以鈦基材料作為電池負極，除了鈦酸鋰尚有**鈮酸鈦**（titanium niobium oxide, TNO）系列，在安全性、循環壽命、快充速度上，也表現出與鈦酸鋰類似的效能。

2-2.4 鋰離子電池電解質分類

　　電解質是作為離子輸送的管道，依電解質在常溫下的型態，可分為**液態**、**膠狀**（**半固態**）、**固態**三大類。電解質一般是以液態存在，以利與固態正負電極能有效緊密接觸，後續則發展出具有離子導電性的高分子聚合物材料取代全液態電解液，由於膠狀高分子聚合物流動性較液態電解液低，不再需要金屬罐封裝，因此僅以軟性鋁箔材料密封即可。

　　使用固態電解質代替電解液的固態電池發展已逾十五年，在概念上可視為將膠狀電解質進一步去除液態比例，朝向全固態的電解質發展。目前已知有**無機固態**、**聚合物固態**、**複合固態**等技術路線，其中**無機陶瓷**電解質又包括**硫化物**與**氧化物**，而**聚合物**則屬於**有機高分子**電解質。電池氧化還原反應的主體在於正負電極與電解質的界面機制，如何令固態電解質與同是固態的電極活性物質有效接合，以降低極化過電位和內部阻抗，並達到量產上的一致性和穩定度要求，是固態電池的成敗關鍵所在。

　　理論上，由於固態電解質具有較強的阻隔正負極效果，較不易生成鋰枝晶而造成短路，同時也消除了液態電解質會因電池內短引發燃燒的危險問題，然而在實例應用上即使數量仍很少，卻已陸續發生電動巴士自燃的事件，雖然肇因尚有待查證，但是固態電池的實際效用仍需視大量應用後的情況加以驗證。

2-2.5 理想電池與現實

　　能量密度大、使用壽命長、安全性高、充電速度快、輸出功率大、耐高低溫、自放電率低、內阻小、成本低廉、對環境友善等，是理想電池的終極目標，近年來各種電池材料不斷翻新，例如：奈米碳管、石墨烯、鋁離子、鈉離子、富鋰錳、固態電池、矽碳材料等，然而電池的化學反應機制是如此精微與複雜，各種化學特性都必須維持「一致性」（homogeneity）和「穩定性」（stability），因此很難在小量試產階段就能驗證，許多新材料都在發展後期才發現與實驗室的結果有不小差距，至今新能源電池真正能夠大量生產的仍只有鋰三元、磷酸鐵鋰、鈦酸鋰這三類，新電池材料的未來固然充滿期望，但是唯有在大量生產之後，有關電池性能、信賴度、生產良率、製造成本，各方面的表現都能達標才有勝出的機會。無論在實驗室階段多麼成功，量產後才是新電池真正考驗的開始。

充放電流倍率與電池特性

電池的工作電流來自於內部的氧化還原反應，充放電流的大小就代表化學反應的速率，因此，充放電流的倍率會直接牽動電池的更種特性參數，包括**工作電壓的變化、可使用容量、輸出功率**等。

2-3.1 額定容量與荷電狀態

電池充滿電後可以使用的電量並非固定的，會直接受到**環境條件**和**輸出電流**的影響，**額定容量**是指在標準環境下（通常是在 1atm, 25℃, 濕度 65%），以一固定電流持續放電的時間來計算，譬如：一電池以 2A（安培）的電流可持續放電 1 小時，該電池的額定容量即為 2Ah（安培 - 小時），且額定容量需標示在該放電（1C）條件下。

電池荷電狀態（state of charge, SOC）是指電池**現存電量**相對於**額定電量**的占比，即 SOC= Q_c / Q_n (%)，Q_c = 現存電量，Q_n = 額定電量。由於電池溫度會隨使用情況而變化，工作電流也無從預知，因此剩餘可用容量不會是精確的固定值，經由各種量測計算得出的 SOC 實際上是個概略預估值。

2-3.2 充放電流倍率與工作電壓

電池特性參數中，**充放電倍率「C rate」**是最重要的電池等級分類，C rate 的定義為充（放）電的**工作電流**與電池**額定容量**的比值。

範例：額定容量 2Ah 的理想電池

以 2A 充電或放電 2A/2Ah → 1C，使用時間 2Ah/2A= 1hr

以 1A 充電或放電 1A/2Ah → 0.5C，使用時間 2Ah/1A= 2hrs

以 4A 充電或放電 4A/2Ah → 2C，使用時間 2Ah/4A = 0.5hr

電池正負極的氧化還原反應是成對發生，不論是正負極界面的極化，或是離子穿梭於電解液中，均需要有足夠的能量來克服內部阻抗所需的過電壓，當外部電流越大，內部離子流相對增大，所需克服的過電位就越高。

電池在沒有與負載連通時所量測的電壓值稱為**開路電壓**（open circuit-voltage, OCV），電池在充電或放電時所量測的**閉路電壓**（closed circuit-voltage, CCV），會因**電池內阻**和**極化程度**而產生差距，工作電流越大差距越明顯。在高 C rate 大電流充電時，由於**電池極化效應**閉路電壓會有**虛浮現象**，瞬間急速上升一個差距，將電池靜置一小段時間後，電池的開路電壓則會明顯下降；反之，大電流放電時電池閉路電壓會有**抑制現象**，較開路電壓為低，電流越大壓降差距越明顯，將電池靜置一小段時間後，電池的開路電壓又會上升。

2-3.3 功率等級與容量密度

由於電池極片組成的結構，同一族群電池的**功率等級**與**能量密度**經常呈負相關，若要追求高能量密度往往需要犧牲輸出功率，反之亦然。充電電池依功率等級與能量密度概分為**能量型（容量型）**、**通用型**、**功率型（動力型）**、**啟動型**，容量型大多在 0.5C 以下，適用於手機、筆電、鬧鐘等電子類商品，產品的耗功率較低；功率型大多在 2C 以上，適用於**電動巴士**、**高爾夫球車**、**調頻型儲能**等產品；通用型則是兩者的綜合體，兼有兩者的優點但無法盡得極端效益。若將容量型等級電池使用在需要高功率輸出的產品上，容易發生許多問題，包括：無法提供足夠功率、造成電池使用壽命減少、電池燃燒危險增大等，相對的若以功率型電池套用在需要長時間輸出的產品上，雖然應付各項功能綽綽有餘，但在相同使用容量情況下，會需要較大的體積，成本也將高出許多；啟動型是專為瞬間高功率輸出而製造，譬如提供**啟動電流**（cold cranking amperes, CCA）的**汽車電瓶**、**電動釘槍**、**漆彈槍**、**噴射型武器**等。

充放電的電流大小直接影響電池所有的特性，包括**工作電壓**、**有效使用電量**、**內阻溫升**、**使用壽命**、**安全程度**等，使用時的 C rate 越大則電壓落差現象越嚴重、有效電量越少、電池溫度越高、使用壽命越短、安全程度越差，因此在說明這些特性參數之前，都必須先定義是在多少 C rate 的條件下。在不同等級的 C rate 下比較同一特性，就好比在背負不同重量之下比誰跑得快，缺乏適當的比較基準。

功率狀態（state of power, SOP）是評估電池輸出功率的指標，以工作電流與電壓的乘積，可更精準呈現應用在產品上的功率效能。

2-3.4 工作電流與可用容量

電池的極化作用隨著工作電流越大而增加，以致電池內部需要克服的過電壓也越大，化學反應效率變得越差，同時內阻消耗的熱能也增多，可運用的能量就相對變得越少，例如：一電容量為 2Ah 的電池，原本以 1C 倍率 2A 的電流放電，容量可持續 1 小時 → 2A*1hr = 2Ah，若加大電流改以 2C 倍率 4A 的電流放電，→ 2Ah/4A = 0.5hr，理想上電池容量應持續半小時，然而由於極化過電位和電池內阻所消耗熱能的增加，實測結果會小於 30 分鐘，對於 C rate 耐受等級較差的電池，有些會少於 15 分鐘，有的因為受限於電池本身特性，只能輸出到一電流上限，就無法再產生更大電流，譬如若將手機電池拿來應用在電動工具上以高 C rate 輸出，通常會有難以供應電流以致驅動乏力現象，甚至電池很容易就會損壞。

不同的材料與結構之電池在高 C rate 的表現差距極大，功率型電池的性能也不能單單只以單向 C rate 的倍率就能完整呈現，精確的說，由於正負電極材料的化學反應不同，氧化和還原的反應速率自然有所差異，因此應該將充電或放電的倍率分開比較。電池充電時，正極材料進行氧化反應（失電子）、負極材料進行還原反應（得電子），所能夠承受的倍率與放電時的逆向反應，亦即正極材料進行還原反應（得電子）、負極材料進行氧化反應（失電子）兩相比較會有所差異。譬如，有的電池能以大電流 5C 放電，卻無法承受以 2C 充電，而鈦酸鋰電池則是目前已知在充電與放電倍率幾近一致的電池。

不論是充電或放電的 C rate，或者瞬間與持續的電流倍率，在比較是否能夠承受高倍率電流之外，還要考量相對的使用壽命，譬如遙控模型飛機，為了節省負載重量並提供足夠動力，往往使用鋰高分子電池，重量輕、容量密度高、又可供應 10CA 以上的輸出功率，然而使用壽命卻只有 50 回～100 回之間，電池更換的成本十分高昂。

圖示鈦酸鋰電池容量2.5Ah放電為例，@1C時可輸出完整的2.5Ah，隨著C rate提高，可使用的容量逐漸變少，@5C時約有2.15Ah，@10C時則有效容量只剩1.35Ah。

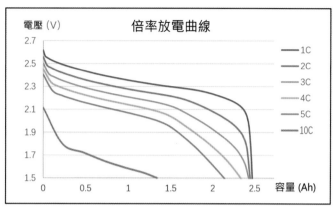

圖2-3.1　鈦酸鋰電池大倍率放電曲線

以鉛酸電池放電為例，在相同的輸出截止電壓11V@1C情況下，電壓呈墜崖式下降，可輸出的時間將比理論上應有的一小時減少0.2小時。

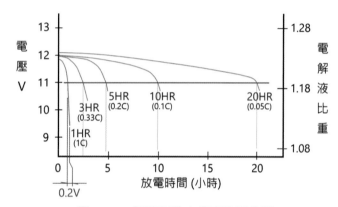

圖2-3.2　鉛酸電池小倍率放電曲線

溫度與可用容量

　　電池能量密度分為**重量能量密度**（Wh/Kg）和**體積能量密度**（Wh/L），端看產品應用是在於重量或體積上的要求。電池的各種特性參數一般以常溫 25℃ 環境下表示，然而電池的有效使用電量，直接受到**環境溫度**和工作**電流倍率**的影響。

以鋰三元電池容量為準，1C充放條件下，三種電池的能量密度大約在5℃時會開始產生交叉，環境溫度越低則能量密度越差，甚至會無法進行充放電。

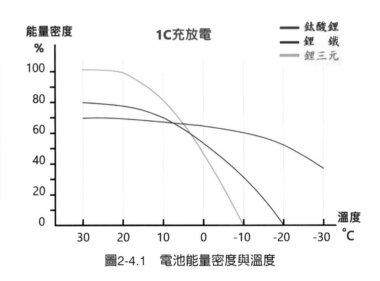

圖2-4.1　電池能量密度與溫度

　　請參考圖 2-4.1，常溫下，現有充電電池中，以鋰三元電池的能量密度最高，但是由於負極石墨的鋰離子擴散率不佳，隨著環境溫度的下降，使得電池內阻增加，容量大幅減少，通常在 0℃ 以下就難以充放電，所以鋰三元電池不適合在低溫環境使用；而負極同樣是石墨的磷酸鐵鋰電池，雖然可在較低溫度的環境下工作，不過在 -20℃ 以下也幾乎無法使用；另外，負極採用鈦酸鋰材料的鈦酸鋰電池，其尖晶石三維結構具有較高的鋰離子擴散率，約為 $10^{-8} \sim 10^{-9} cm^2/s$，較石墨高出兩個量級，有利於鋰離子的傳遞擴散，因此在 -30℃ 低溫環境下，仍有 40% 的容量可供使用。

電池一致性

實務上，電池組需要將單電芯並聯以增加容量和串聯來提高電壓，團體行動就會有腳步不齊的困擾，電池各項性能的綜合表現也是如此，如何處理電芯的差異性，可說是電芯生產和電池組設計的核心課題。

2-5.1 電池基因與後天影響

電池內部宛如一個微生態系統，縱使採用一樣的材料配方和製程，每顆電池就像被賦予了相仿序列但不盡相同的基因，進而顯現在各種特性的差異上，包括：**容量、內阻、自放電率、工作電流倍率、充放電曲線、放電深度、特性衰減**等，電池特性的初始差距並不太大，來自單體內部構成的微小不一致性，自出生起即開始分道揚鑣。影響電池工作**特性、壽命、一致性**的後天因素都是類似的，最主要的包括**充放電倍率**（C rate）、**電池溫度、過度充電、深度放電**等，其中大充放電倍率的影響尤其直接。電池壽命好比一個生命體的日常，當電池經過外在的進食（充電）、休息（靜置）、工作（放電）等循環磨耗之後，每顆電池的差異性就隨著歲月逐步積累擴大。

2-5.2 充放電末段發散現象

鋰離子電池在接近充飽電的末段，**電壓增量相對電容增量** $\Delta V/\Delta Q$ 的比值，明顯高於充電的中間段，只需微小的電量補充，電壓就會快速升高，由於增量的變化加大，造成每顆電芯末段電壓的差異也加劇，如圖 2-5.1 所示；類似的情形同樣發生在接近放電末段的電壓，**電壓減量相對電容減量**的 $\Delta V/\Delta Q$ 曲線也呈現明顯陡降，因此個別電芯就會在放電的低電壓末段產生發散現象，如圖 2-5.2 所示。

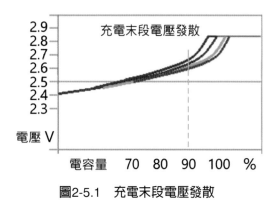

圖2-5.1　充電末段電壓發散

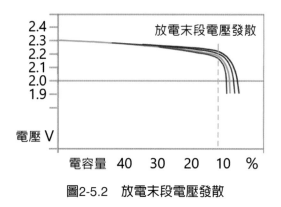

圖2-5.2　放電末段電壓發散

　　電池組以串聯方式充電和放電時，由於通過相同電流所以流經的電量也一樣，在電池組各個電芯的內部阻抗和容量互有差異下，即可比較出充放電末段的電壓差距。

　　圖2-5.3為鈦酸鋰電池以5串聯模組進行充電量測，先將電池組放電並調整每一單電芯達到相同電位2.2V，再以1.5C倍率串聯充電，記錄單電芯隨著充電時間的電壓值，結果顯示：充電前30分鐘各個電壓尚十分一致，第32分鐘起開始出現分歧，到充飽電時差距明顯加大，而且最高與最低電壓差距達0.19V；截止充電後因極化現象恢復，電壓快速下降，靜置10分鐘後電壓趨近2.73V。

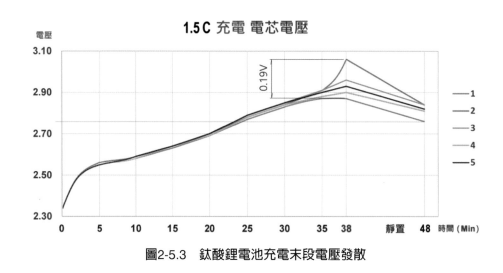

圖2-5.3　鈦酸鋰電池充電末段電壓發散

　　接著以10串聯模組進行放電量測，先將電池組充飽並調整每一單電芯達到相同電位2.6V，於同樣負載下以接近2C倍率串聯放電，記錄單電芯隨著輸出時間的電壓

值，結果如下圖 2-5.4 顯示：

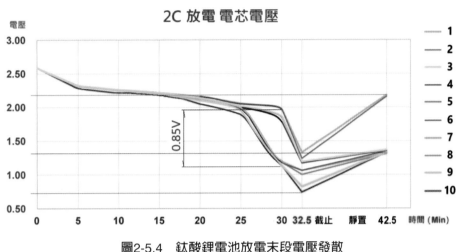

圖2-5.4　鈦酸鋰電池放電末段電壓發散

　　工作平台電壓約 2.4V～2.0V 之間，前 16 分鐘各個電壓尚十分一致，但已開始出現分岐，時間越久差距越來越大，在放電 30 分鐘後最高與最低電壓差距達 0.85V，在接近完全輸出時，電壓則發生快速下墜現象。當電量接近耗竭時，電壓差距反而略微收斂。在截止放電後因極化現象恢復，電壓急速回升，靜置 10 分鐘後分成兩群，電量幾近耗竭的回復至 1.3V，留有剩餘電量的回復至 2.15V 左右。

　　由以上兩項測試歸納出幾項結論：

1)電池在充放電末端，因電池個別特性差異，會產生電壓發散現象。

2)**放電**末端電壓發散差距較**充電**末端明顯。

3)放電發散測試時電壓分布分為兩個群組，各組電壓差距縮小至 0.3V 以內，因此，經由適當篩檢分類，可有效降低電壓發散現象，提升電池的一致性。

2-5.3 不一致性處理對策

　　大批量生產是改善一致性的首要對策，在符合電池各項規格的範圍內，經由篩檢排序，量體越大性質相近的密度就越大，如同部隊中按身高排列，人數越多則鄰兵身高的差距就越小。生產批量太小，電池特性的均質程度必然會發散。

電池在**化成**之後依序進行**高溫老化、分容、靜置、內阻檢測**等篩檢與分級過程。電池化學特性在製造完成初期尚未全然穩定，**高溫老化**可加速電池反應以暴露缺陷，特別是針對內部微短路的電芯，由於無法保持電量因此電壓會出現下滑現象，必須加以剔除；對電芯進行完整充放電，並依電芯**容量排序分組**，是達到電池一致性的必要程序，在電池模組組立時，必須依次取用，混淆順序組立將種下電池組劣化的潛伏因子；電池內部若有雜質或極片毛刺等微短路，有些在高溫老化階段並未能及早發現，由於電量會持續消耗造成自放電率偏高，需要經過一段時間的**靜置**才會顯現，這些一時表現正常的電池若未挑出，勢必隱藏於電池組之中，埋下未來品質衰退的隱憂；內阻是電池優劣的重要指標，**挑除內阻過大**者，並依阻抗大小分類，應儘量使容量相近且內阻相同的電芯歸類在同一電池組使用。

越多的篩檢程序和靜置時間雖然可篩選出特性越一致的電芯，但是需付出的品檢成本也越高。高溫老化時間不宜過久，以免反而傷害電芯，分容及內阻檢測可快速完成，唯獨靜置需視該批產出電芯一致性程度做調整，譬如靜置一段時間後電壓損失大於特定值的比例過高，表示不符規格的數量多於允收標準，則應延長靜置時間，進一步篩檢以提升產品良率。

電池組在應用時**降低工作規格**是緩解電芯不一致性的重要手段，譬如：**增加電池組總容量以降低充放電流倍率**，來減少個別電池在工作功率的差異，或者**壓低充飽電壓**和**提高放電截止電壓**，以犧牲可用容量來換取電池在極端電壓的電壓發散等。基於電池壽命與安全性的考量，電芯實際使用到的容量往往刻意小於標稱容量，譬如鋰三元和磷酸鐵鋰電池的實際可用容量通常只有標稱容量的八成。實務上電池組的使用壽命與單電芯總是有一段差距，電池組壽命的長短極高比例起因於電池間不一致性的累積，改善模組內電池的差異程度，是延長電池組壽命最有效的方法。

電池使用壽命

　　庫倫效率（coulombic efficiency）是指充放電循環時，放電容量相對於充電容量的比例，比值越高表示循環效率越佳。隨著充放電次數和歲月老化作用，電池的可用容量將逐漸損失，當電池內部成分與化學結構達到一臨界點，電池就會失效。

　　電池在一特定充放電倍率下的**循環次數**（cycle life），或可作為電池使用壽命的參考，但是並無法完整表示出電池應用時的實際壽命，很容易誤導人們以為電池的壽命只需依照使用次數來計算即可，實際上電池壽命乃是由應用情況所決定，影響電池使用壽命因素眾多，包括**充放電流倍率**（C rate）、電池**放電深度**（depth of discharge, DOD）、**荷電狀態**（state of charge, SOC）、充電放電**使用頻率**、**工作環境**（溫度／濕度／氣壓）、**電池封裝**方式、**電池組結構**、**存放時間**等，因此在預估電池壽命時應通盤考量**使用條件**和**環境狀況**。

　　充放電流大小對電池壽命有決定性影響，過大電流甚至可讓電池立即損壞。就現有動力型電池技術狀態，在一大氣壓 25℃ 及 65% 濕度標準環境下，若以 0.5C 充放電，鋰三元電池的平均使用次數約 1,000～1,500 回，磷酸鐵鋰電池約 1,500～3,000 回，鈦酸鋰電池在 8,000 回以上。一旦將充放電流提高到 1C 條件下，動力鋰三元電池的使用次數將減少為 1,000 回以下，磷酸鐵鋰電池大約在 1,500 回以下，鈦酸鋰電池則仍有 3,000 回以上。因此，在標示電池壽命時，至少必須載明是在多少 C rate 條件下，所能達到的相對使用壽命。譬如某品牌電池，在 1C 充電及 1C 放電條件下可達到 SOC 剩餘 80% 具 1,000 回使用次數，可以預見，若以 1.5C 充電及 1C 放電，或在 1C 充電及 1.5C 放電條件下，使用壽命都會少於 1,000 回，且這兩種充放條件的使用壽命也會有所差異，如果是在更大電流倍率下充放，使用壽命很可能急劇縮短，甚至會快速失效。

　　電池在**高荷電量狀態**下負極物質充滿了鋰離子，造成負極晶格**體積膨脹**，尤其是石墨材料，鋰離子從電解液中嵌入層狀結構的石墨，引起石墨層與層之間的間距變化，充滿電時石墨膨脹率高達 7% 以上，經過多次充放電體積反覆縮漲之後，石墨晶格結構會逐漸遭受破壞，另一方面，充電時鋰離子將從正極材料脫嵌進入電解液，**過度充電**會使正極材料的晶格發生塌陷，縮短電池使用壽命；再者，長期偏高的荷電量

SOC，由於內部的**高電位**，也會造成電解液的電解而產生氣脹；另外，**高溫**會促使電池化學反應速率升高，**低溫**則容易造成鋰金屬沉積，都不利於電池的使用壽命。

工作電壓區間影響電池使用壽命十分巨大，鋰離子電池雖然沒有記憶效應，但是**高電荷量**和**深度放電**都是非常不利的因素，考量電池電壓對晶格結構及電解液的電解反應，一般以電池 50%～60% 電量為中心操作，避免全充全放將有利於電池使用壽命的延長。

相同的電池在不同的充放電流、荷電量狀態、工作電壓區間、環境狀況等，都會影響電池使用壽命，若不考量工作和環境條件，僅以電池規格直接估算使用壽命，將造成嚴重的誤判。以第一章所討論儲能系統的不同應用而言，電池使用壽命就會呈現不小的差距，特別是需要大 C rate 充放和深循環工作，使用壽命將明顯縮短。

除了充放循環次數所造成的**循環老化**（cyclical aging），由於電池材料自身的化學反應，電池的使用效期也受到限制，即使電池並未使用，還是會隨**存放時間**、**儲存電壓**及**環境溫度**等因素導致**固態電解膜的劣化**（solid electrolyte interface, SEI）、**電解液承受電壓而電解**、**晶格結構的還原膨脹**、**鋰金屬結晶**、**材料氧化**等因素自然發生**歲月老化**（calendar aging），終而喪失活性以致再也無法使用。電池的歲月老化壽命，鋰三元電池一般在 3～5 年，磷酸鐵鋰電池平均約 5～8 年，鈦酸鋰電池則高達 10 年以上。

電池封裝型式與尺寸之影響

　　電池芯外殼的**材質**、**形狀**、**尺寸**也會影響電池特性的發揮和電池組的組裝及應用的限制，整理如比較表 2-7.1 所示，逐一說明如下：

　　電池外殼材質可分成**硬殼**和**軟包**（pouch），硬殼材質以鋼殼和鋁殼為主，也有些採用耐酸鹼的塑膠外殼，軟包則是以鋁箔材料來封裝膠狀的高分子電解質，由於能量密度高、占用體積小，軟包電池適合應用在輕巧的電子產品上。電池充電時，負極活性材料的質量會增加，往往會造成負極體積膨脹的現象，譬如石墨在鋰離子嵌入或脫嵌的過程中體積變化高達 7% 以上，如果是以高倍率電流工作，產生的體積差距會更為劇烈，由於反覆膨脹與收縮的應力作用，加上鋁箔封口的強度不如金屬，所以在**防潮**和**機械強度**上較差，以致軟包電池的使用壽命一般較硬殼電池短，因此軟包外殼比較不適合使用於**功率型產品**，或需要長期使用的**儲能設備**上。

　　電池的形狀大致分為**圓柱型**和**矩型**，最主要的影響是在**電池組的散熱效率**，圓柱型在排列時電池圓徑之間會留下縫隙，有助於電池組熱量的發散和均勻分布，矩型則會因為堆疊的相對位置，容易造成溫度分布不均，對於較大容量的電池組，最好能夠進行熱流分析並採取有效散熱對策。

　　電池尺寸大小對電池性能的影響涵蓋製造、容量密度、信賴度、模組組裝等各方面。小型電池譬如 18650，幾近全自動化生產，**生產良率高、製造成本低**；由於小型電池外殼重量占比較高，以致**容量密度不如大型電池**；同樣的，小型電池外殼面積占比高，**散熱速率較快、溫度分布較均勻**，因此**充放電倍率和信賴度**的表現會較好，大型電池最大的問題是電芯內部不易散熱，對使用壽命有直接傷害。

　　電池組的**空間利用**也是設計上的重要考量，小型電池相對**容易擺置**（layout），可充分填滿有限的空間，而大型電池有時為了一公分就無法放入整排位置，經常造成空間利用的浪費，例如圓柱型 40138 就不太適合電動機車電池組的組合排列。

　　在**組裝工序**方面，小型電池串並聯點數大增，**組裝繁瑣、組立成本較高、模組良率也較低**，大型電池在電芯製造時的不利因素，在模組組裝時得到彌補，**組裝工序少、模組良率高**；大型電池常以螺絲鎖固作為模組串並聯的手段，小型電池則多以鎳片或銅片點焊串接，在維護方面，由大型電池螺絲鎖固的模組，當偵測到某串電池

有狀況時，可就單一電池做更換，小型電池點焊串並而成的模組，往往只能整組報廢，以致維修成本較高。**大型軟包**電池模組通常採用**雷射焊接**，在充放電倍率、空間利用、組裝良率、不良維修等各方面都較為不利。

表2-7.1　電池外殼封裝與尺寸對電池特性之影響比較

封裝型式	小圓柱型 18650	大圓柱型 40138	硬殼矩型 110*156	軟包矩型 135*253
尺寸mm	∮18*65	∮40*138	174*207*54	177*253*14
外殼材料	金屬罐	金屬罐	金屬殼	鋁箔
自動化生產度	高度自動化	中高度自動化	中度自動化	中低度自動化
電芯製造良率	高	中	中	低
單位製造成本	低	中	中	高
電芯容量密度	低	高	高	最高
充放電倍率	佳	中	中	差
電芯信賴度	佳	中	中	差
單位體積之 散熱面積比	0.253/mm	0.115/mm	0.058/mm	0.162/mm
電芯散熱效率	佳	差	差	中
模組體積 調整彈性	佳	差	差	差
模組串並 加工難度	差	佳	佳	差
模組維修 更換成本	整組報廢	單顆更換	單顆更換	整組報廢

鋰離子電池充電方法

　　鋰離子電池特性與鉛酸、鎳鎘、鎳氫電池多所不同，在充電方面，由於自放電率低，因此不需要鉛酸電池的**浮充**（floating charge）來補電，同時石墨系電池在高荷電狀態下容易產生鋰金屬沉積，進行浮充反而會造成電池危險；鋰離子電池沒有記憶效應（memory effect）問題，所以不需要如同鎳鎘電池需要**先放完電再充飽**的機制；再者，鋰離子電池接近充飽電壓時也不會出現電壓反降現象，以致無法採用鎳氫電池偵測**逆電壓**（-ΔV）來截止充電。

　　鋰離子電池充電時所採用的**定電流轉定電壓**模式（constant current constant voltage, CC/CV），如下圖 2-8.1 所示，藍線為充電器供給電壓、**棕線**是電池電含量、綠線為充電電流。在低電壓充電初期，以電池可承受的**定電流**充電來縮短充電時間，定電流充電期間電壓持續升高，當電壓觸及電池充飽電壓時轉為**定電壓**充電，此時由於充電器供給電壓與電池內部實際電壓的壓差正逐步縮小，兩者電壓差已不足以供給定電流，隨著電池電含量越來越高、充電器供給電壓與電池內部電壓差 ΔV 越來越少，充電電流 Ic 就越來越小，直到小於一設定值就將充電器關閉停止充電。

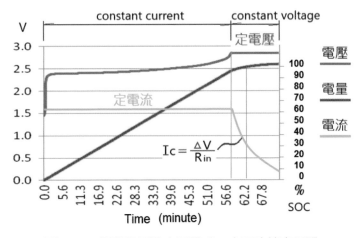

圖2-8.1　鋰離子電池充電模式：定電流轉定電壓

　　鋰離子電池採用定電流轉定電壓的充電模式主要有兩項原因：前段**定電流**充電是爲了在電池可承受的電流內，盡可能**快速充電**，同時**避免充電的電流過大**，以致超過電池內部所能負荷的傳輸速率，造成電極材料的劣化和內阻熱能的累積；後段**定電壓**充電是爲了**防止電壓過高**，以免造成電池**過度充電**，使得電池材料無法吸納輸入的能量，甚至引發鋰金屬沉積和電解液的分解。

　　在對電池充電時，外部施加的電壓首先會扣除電池陰陽極之間的開路電位差，同時要克服極化過電位，剩餘高出的電壓差再除以電池內阻，才是充電電流的大小，計算式說明如下：

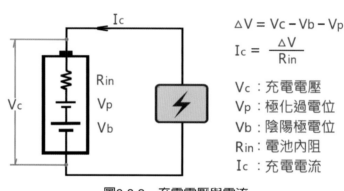

$$\Delta V = Vc - Vb - Vp$$

$$Ic = \frac{\Delta V}{R_{in}}$$

Vc：充電電壓
Vp：極化過電位
Vb：陰陽極電位
R$_{in}$：電池內阻
Ic：充電電流

圖2-8.2　充電電壓與電流

　　在**定電流**充電階段，爲了提供固定充電電流 I$_c$，充電器會偵測電流來調整充電電壓 V$_c$，使電壓差 ΔV 維持在一固定值。隨著電池電量增加電壓 V$_b$ 逐漸升高，爲了維持 ΔV（假設忽略電池內阻變化），充電電壓 V$_c$ 也會隨電池 V$_b$ 同步上升，一直到電池設定的充飽電壓，然後轉換爲定電壓充電。

　　在**定電壓**充電期間，由於電池電壓 V$_b$ 繼續升高，因此電壓差 ΔV 逐漸縮小，以致充電電流越來越小，此時不可拉高充電器的供給電壓試圖增加充電電流，因爲充飽電壓原本即是電池可正常工作的承受上限，過高的電壓會傷害電池的材料結構，包括**正極材料晶格的崩塌、負極石墨長鋰金屬沉積、電解液的分解、固態電解質膜**（SEI）**增厚**等，不僅會縮短使用壽命，甚至衍生燃燒危險。

　　對於電池的充電模式，如果採用**全程定電壓**充電模式，在充電初期外部施加電壓所產生的電壓差 ΔV 會相當大，相對應的充電電流很可能超出 電池可承受的上限；如果採用**全程定電流**充電，充電末段的電壓勢必需要提高，以維持足夠供應定電流的電壓差 ΔV，如此將會造成電壓過高的各種不良後果。

3 章

鋰離子電池技術導論（電化學篇）

就電化學概念而言，鋰離子電池可視爲兩個具有電位差的「**電子導體**」**電極**，和中間夾著一層「**離子導體**」**電解質**之組成，請參考圖 3-0.1。兩邊電極的活性材料按各自半反應的還原電位差距形成電動勢，當正負極導通成迴路後，將活性材料間的**化學能**轉換爲**電能**釋放者，習慣稱之爲「**原電池**」，若是反向充電將**電能**轉換爲**化學能**儲存者，其作用則如同一「**電解槽**」。

就電池在充電與放電的作用區分，電池放電時稱之為「原電池」，對電池充電時則其作用如同是一個「電解槽」。

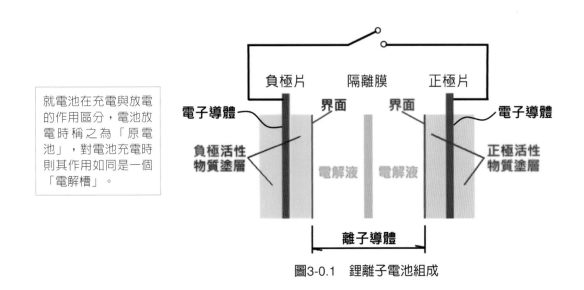

圖3-0.1　鋰離子電池組成

本章首先介紹採用還原反應爲比較基礎的電池半反應，包括以氫電極爲量測還原半反應的參考電位，並說明將離子濃度暨溫度聯結還原電位關係的 Nernst equation，以及兩個半反應組成全電池反應的電位差計算，而電池電位又與反應式的自由能變化相互對應；第 3-2 節深入闡述界面反應與電雙層模型理論，同時討論電池極化所產生的各種過電位；接續是電化學的動力學理論，並引入 Butler-Volmer 方程式和分析用的等效電路；第 3-4 節詳述電池內阻量測方法與案例；最後一節則將鋰離子電池的化學反應做個整理摘要。

電池半反應與還原電位

　　物質的某些特徵可以採用絕對單位來明確表示，譬如質量、熱能、體積、溫度等，有些特性則是相對的，需要有依據的基準才有意義，譬如重量、位能、速度等，而氧化還原反應也是如此。

　　電池正極和負極的氧化還原反應只能是成對發生的，在單極的半反應無法單獨發生，雖然任一極的半反應都有其一定的還原電位，但電位是兩種反應之間的電位差距，並無從得知單一半反應的絕對電位值，因此為了方便計算半反應的還原電位，慣例上採用**標準氫電極**（standard hydrogen electrode, SHE），將氫離子還原成氫氣的半反應作為參考電位，精確地說是將 1M（**體積莫耳濃度**）的氫離子在 1 大氣壓 25℃環境下還原成氫氣，將其還原電位定義為 0 伏特，如此搭配待測定的另一半反應，經由量測全反應的電壓差，藉此來定義該待測半反應的**標準還原電位 E^0**。（圖 3-1.1）

> 將氫離子還原成氫氣的半反應作為參考電位，將其定義為 0 伏特，經由量測全反應的電壓差，得出該待測半反應的還原電位值。

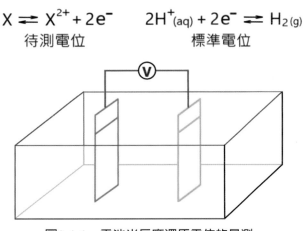

圖3-1.1　電池半反應還原電位的量測

3-1.1 還原電位與離子濃度

　　半反應的電位受到電解液中**離子濃度**的影響，在不同濃度下的電位與標準還原電位關係如下，這些相關方程式有多種代替的表示型態，統稱為 Nernst equation。由方

程式可知還原電位與**反應物離子濃度**呈**對數相關**，而與**溫度**則呈**線性關係**。

$E = E^0 + (RT / nF) * \ln (C_M / C^0)$ **Nernst equation**

E^0：標準還原電位　　R：理想氣體常數　　T：溫度　　n：電子轉移數

F：Faraday常數　　C_M：離子濃度　　C^0：標準濃度

標準還原電位越大代表朝向還原反應越容易發生，標準還原電位越小，甚至是負值代表越容易發生相反的氧化反應，但各單極最終所發生的反應是還原或氧化，需看兩個半反應組合之後彼此間的還原電位差距，通常標準還原電位高的那一極就產生還原反應，標準還原電位低的則發生氧化反應，理論上藉由個別半反應的標準還原電位，即可計算出這個電池組合的全反應電位。舉例如下：

$Fe^{3+} + e^- \rightarrow Fe^{2+}$　　　　$E^0 = 0.77V$　　　　反應式(1)

$Cu^{2+} + 2e^- \rightarrow Cu$　　　　$E^0 = 0.34V$　　　　反應式(2)

反應式(1)的標準還原電位高於反應式(2)，因此電池的全反應為：

$2(Fe^{3+} + e^- \rightarrow Fe^{2+})$　　　　　　　　　　$E^0 = 0.77V$

$Cu \rightarrow Cu^{2+} + 2e^-$　　　　　　　　　　　　$E^0 = -0.34V$

$2Fe^{3+}_{(aq)} + Cu_{(s)} \rightarrow 2Fe^{2+}_{(aq)} + Cu^{2+}_{(aq)}$　　　$E^0_{cell} = 0.43V$

上述計算是設定在標準條件下，由於電池反應與溫度及活性物質濃度相關聯，許多反應的環境不盡相同，且在各種反應界面需要有過電位（over-potential）來克服反應所需的活化能，因此半反應的標準還原電位雖然可作為電池全反應的參考，但在應用上仍需視實際反應的發生條件而修正。

3-1.2 電池電位與自由能變化

電池電位代表具有驅動電子的能量，而這個能量則來自於全反應所產生可用能量的變化，即電池**電動勢**（electromotive force, EMF）的能量，是來自兩個半反應的吉**布斯自由能**（Gibbs free energy）**差值**所提供，而電池反應**自由能的差值**等於**產物自**

由能總和減去反應物自由能的總和。以一電池反應式舉例說明吉布斯自由能差值計算如下：

---

mA + nB → pC + qD，（式1）--電池反應式

A,B：反應物　　　　C,D：產物　　　　m,n,p,q：反應係數

$\Delta G^0 = (pG^0_C + qG^0_D) - (mG^0_A + nG^0_B)$，（式2）--自由能差值計算

ΔG^0：自由能差值　　　　$G^0_C, G^0_D, G^0_A, G^0_B$：自由能絕對值

由於元素之**自由能絕對值**在實務上難以定義，因此將個別元素在最穩定態下的自由能設定為零，各種合成物質則依據所含元素與狀態，量測相對之自由能，因此，反應自由能差值計算（式2）中可以**自由能相對值**取代絕對值，即以 ΔG^0_C 取代 G^0_C，成為下列（式3），而各種合成物之 ΔG^0 已有數值表可查得。電池化學反應的自由能差值，即是電池電壓驅動電子的能量來源，藉由此一公式得以說明電池反應的**化學能**與電池**電能**的聯結關係，查得各成分的自由能 ΔG^0，帶入電池化學反應的自由能差值，即可計算出該電池所具有的理論電位，這個電位會與前述的電池全反應電壓相符合。

$\Delta G^0 = (p\Delta G^0_C + q\Delta G^0_D) - (m\Delta G^0_A + n\Delta G^0_B)$，（式3）

$\Delta G = -nF\Delta E$，（式4）　　　ΔG：反應之自由能差值　　　n：帶電荷數

F：法拉第常數（96,485庫倫／莫耳）　　　ΔE：E^0_{cell}（電池電壓）

界面反應與電雙層模型

固體電極與電解液之間的**界面反應**是電化學反應的核心，反應物在此發生微觀的相轉變、吸附、脫附等離子與電子交換程序的氧化還原反應；藉由**電雙層模型**，得以建立界面反應的實體架構，包括電雙層的**緊密層**、產生離子濃度差異的**擴散層**、和濃度均勻的**電解液主體區**；由於電化學反應速率的遲滯現象，產生界面**活化極化**、擴散層**濃差極化**、以及來自電解液主體與 SEI 的**歐姆極化**，共同形成電解槽各種過電位的組成。習慣上將輸出電能的裝置稱為電池，接收電能輸入的裝置稱為電解槽，本節將依序詳述電化學反應的結構與機制。

3-2.1 電極界面反應

電化學氧化還原反應的核心，在於電池正負極片和電解液之間的**界面反應**，也就是電子和離子發生作用的地方。固態活性物質和液態電解液之間的界面發生反應時，反應物必須緊密吸附在活性物質上才能起有效作用，而且反應物需在固相與液相之間轉換，中間過程說明如下。

請參考圖 3-2.1 的右側，從**氧化反應**開始，在陽極的**還原態物質** R_{ps}（固態）發生**相轉變**（phase transition）和相形成（phase formation），析出在**活性物質**表面成為 R_{add}（吸附態），然後 R_{add} 釋出電子變成氧化態物質 O_{add}（吸附態），接著**脫附**（desorption）進入電解液中形成溶解的**氧化態物質** O_{aq}（液態），並經由**電解液主體區**（bulk）質傳到左側**電極界面**。

左側**還原反應**與右側氧化反應為同時開始，然而發生的氧化物質和還原物質並不是同一個，只是基於電平衡的傳遞在電池兩側同步發生。來自電解液中的**氧化態物質** O_{aq}（液態）**吸附**（absorption）在活性物質表面成為 O_{add}（吸附態），跟著接收來自電極的電子，**變成還原態物質** R_{add}（吸附態），並產生**相形成和相轉變**，最終以固態 R_{ns}（固態）形式進入**陰極**活性材料。

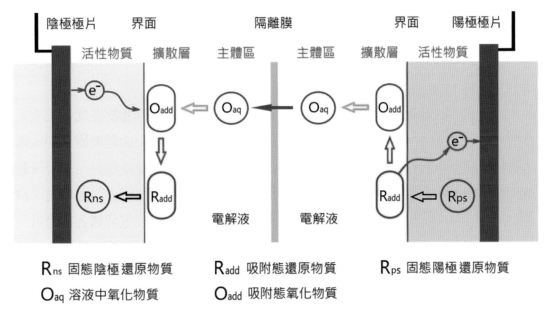

Rns 固態陰極 還原物質　　Radd 吸附態還原物質　　Rps 固態陽極 還原物質
Oaq 溶液中氧化物質　　　Oadd 吸附態氧化物質

圖3-2.1　界面反應：氧化與還原

　　由於氧化物在左側陰極反應界面開始還原而消耗，促使氧化物濃度**自主體區向界面遞減**，此濃度遞減區稱為**擴散層**（diffuse layer），即是造成濃度過電位的來源。

3-2.2 反應界面電雙層模型

　　電化學氧化還原反應的界面機制可以**電雙層**（electric double layer）模型來進一步說明，由靜電引力形成的電雙層結構，可參考第 2-1 節超級電容的結構。電解液中的電解質為溶劑所解離，陽離子被溶劑包圍形成溶劑化陽離子，當電池形成迴路時，正負電極表面將開始帶電，由於靜電的吸引，與電極接觸的電解液中具有相反電性的**單層離子**或**電偶極分子**（如圖 3-2.2 中之陽離子 P），附著在電極表面上，使得電極與電解液之間的界面兩側，形成兩個電性相反的薄層，一層**電子**存在電極，另一層**陽離子**存在電解液中，稱之為**緊密層**（compact layer），這是由 Helmholtz 首先提出的電雙層模型，後續科學家加以補充修訂，特別是溶液擴散層**模型**的引進。

　　由於溶液中單獨的陰離子體積較溶劑化陽離子小，部分陰離子會因為化學鍵作用而吸附在更貼近表面的位置（如圖 3-2.2 中的陰離子 N），**陰離子層**的中心位置定義

為內 **Helmholtz** 面（inner Helmholtz plane, IHP），IHP 位置的電位 **Φb** 由於陰離子的吸附，會較電極表面電位 **Φa** 更低一些；體積較大的**溶劑化陽離子層**中心因而落在距離反應表面較遠的位置，定義為**外 Helmholtz 面**（outer Helmholtz plane, OHP），OHP 位置的電位 **Φc** 由於陽離子的吸附而上升。

在靜電和熱運動的共同作用下，OHP 外側溶液中的陽離子濃度將逐漸遞減，形成**擴散層**（diffuse layer），擴散層電位也隨之逐步變高；進入溶液**主體區**（bulk）後，陽離子濃度趨於穩定，主體區電位 **Φd** 才成為定值，然後延伸至另一個反向的半反應，合組成電池全反應。

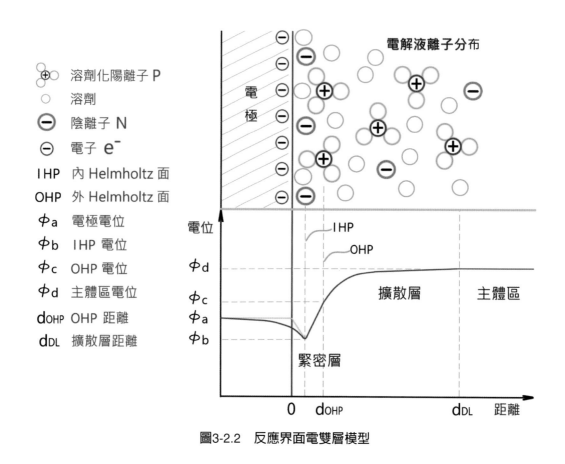

圖3-2.2　反應界面電雙層模型

3-2.3 電解槽電位分布

外部電路斷開時，正極和負極之間由於兩個電池半反應的還原電位差距，自然

存在一個**開路電壓**（open circuit voltage, OCV），開路電壓狀態下並無電流流動，因此沒有因為電池內阻造成的壓降損失，這個電壓純然是正負極材料之間的還原電位差距，稱之為**平衡電位**（equilibrium potential）。當電池正負極導通而產生一輸出電流迴路，此時電池正負極的之間的電壓稱之為**閉路電壓**（closed circuit voltage, CCV），由於電池內部導體都會產生壓降，因此閉路電壓會比平衡電位低，反之，若對電池充電，外部輸入的電壓勢必要比平衡電位高，才能驅動電池進行充電，這時外部電壓與平衡電位的差值稱之為**過電壓**（overvoltage）。

　　請參考圖 3-2.3 電解槽各項電位組成，電池的過電位來自於電子與離子流經電池各個導體所需克服的障礙，實際電池電位與理想可逆電位偏離的現象，稱為**極化**（polarization），過電位是極化現象的外顯表徵，產生過電位的來源大致上分為三種：

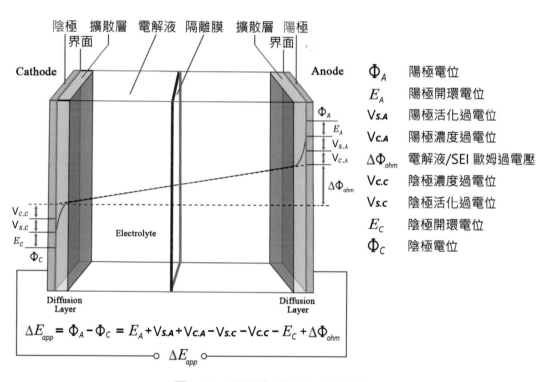

圖3-2.3　電解槽（充電）電位分布

1) 活化過電位（activation overpotential）

電極的界面反應主要就在活性物質與電解液接觸面的反應機制，包括界面上的**離子吸附、還原／氧化、相形成、相轉變、脫附**等複雜過程，為了促使反應的發生，施加的過電壓必須克服反應過程所需的**活化能**。

2) 濃度過電位（concentration overpotential）

電解液在工作時不是均勻分布的，界面附近的反應物被消耗，反應物濃度由電解液**主體區**向反應**界面**遞減形成**擴散層**，濃度梯度造成電化學反應速率的遲滯，因而產生濃度過電位。

3) 歐姆過電壓（Ohmic overvoltage）

歐姆過電壓泛指克服材料本身電阻所需的電位，包括**電極活性物質、電解液、隔離膜**、電極接點等，尤其是離子在游過電解液時，來自於電解液本身阻抗所產生的過電壓，以及集電片與電極銜接的接觸阻抗，另外，活性物質與電解液反應後，會在石墨負極表面生成**固態電解質界面膜**（solid electrolyte interface, SEI），也是歐姆過電壓的來源。歐姆過電壓造成不可逆的損耗，是產生電池內阻的主要來源。

電池充電時，正負極之間需要克服的過電位包括：陽極材料與陰極材料的平衡電位、陽極活化（界面）、陽極濃度極化（擴散層）、歐姆極化（電解液、SEI、隔離膜、電極接點）、陰極濃度極化（擴散層）及陰極活化極化（界面）。

電池極化會因電池內部材料成分和外部使用條件而變化。極化過電位除了因材料特性而不同，也會隨著工作電流增大而擴大，即依照歐姆定律 $\Delta V = I * r$ 的原理而變化。如下圖 3-2.4 所示，電流越大極化過電位也就越大。已經老化的電池由於內阻的增加，在同樣工作電流下，過電位將會比良好的電池變得更大。

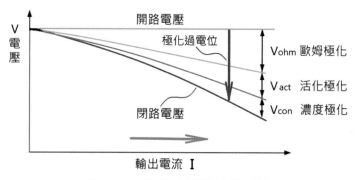

圖3-2.4　輸出電流與極化過電位

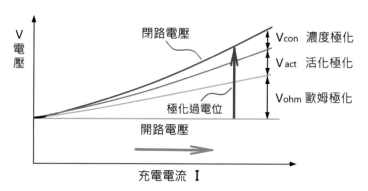

圖3-2.5　充電電流與極化過電位

3-3 動力學與等效電路

針對電雙層模型的反應作用，**電化動力學**將平衡交換電流密度、**界面離子濃度、溫度、過電位**等統合成有效的分析方程式；由於氧化還原反應的過程發現具有類似電容與電阻的特性，因此可以電子元件構成的**等效電路**來模擬電化學反應，以利進行各種測試與分析；**電化學量測**則是將研究材料建構成電解槽，並控制輸入電流或電壓以分析各項輸出結果，是探討電化學的重要基礎，也是從事電池研發人員的專業手段。

3-3.1 電池極化動力學

在電化學的反應過程，無論是電子在正負極或離子在各種離子導體之間穿梭，都會有傳輸速率問題並衍生能量消耗。電池反應速率主要由三種反應所決定，一是正極及負極上的固態活性物質和液態電解液之間**電荷的傳遞**（charge transfer），包括**電雙層充電**過程和**電荷傳輸**的速率（活化極化）；二是電解液在反應界面由於反應物的消耗，產生具有**濃度梯度變化的擴散層**（diffuse layer），因而造成的**離子擴散速率**（濃度極化）；三是在**固態電解質界面膜**（SEI）的**阻抗**、電解液**主體區**（bulk）的**離子電導率**、以及固體材料間的**接觸阻抗**，這些**歐姆阻抗**是電池內阻的主要來源。

從電化動力學分析，對電池施加一電壓時，在反應界面所產生的**反應電流**會與平衡交換電流、反應物在界面和主體區濃度比、氧化還原反應係數、溫度及過電位等因素有對應關係。

平衡狀態下，氧化電流與還原電流大小相等、方向相反，這時電池並沒有淨電流產生，氧化電流與還原電流像似彼此在交換電流，此一交換電流 i_e 的大小稱之為平衡狀態氧化還原的**交換電流**，是電池氧化還原反應速率的指標，交換電流越大代表電池反應速率越快。

氧化態和還原態反應物在界面的濃度，相對於在主體區濃度的比值，顯示擴散層的濃度分布，濃度差距越大代表電池的濃度極化也越大。

　　還原反應係數 **α** 與氧化反應係數 **β**，分別是在反應界面的傳遞速率，且 α + β = 1。反應電流如同所有的化學反應，都會受到溫度的影響。過電位 **V** 是外部施加的電壓扣除電極電壓後的電壓差值，這些反應參數與常數的乘積對反應電流形成下列方程式關係：

$$i = i_e \left\{ \frac{c_O^D}{c_O^B} \exp\left[\frac{-\alpha F}{RT} V \right] - \frac{c_R^D}{c_R^B} \exp\left[\frac{\beta F}{RT} V \right] \right\}$$

i：反應電流密度　　　　　　　　i_e：平衡狀態交換電流密度

c_O^D：氧化態反應物在界面濃度　　c_R^D：還原態反應物在界面濃度

c_O^B：氧化態反應物在主體區濃度　c_R^B：還原態反應物在主體區濃度

α：還原反應傳遞係數　　　　　　β：氧化反應傳遞係數

V：過電位　　F：法拉第常數　　R：理想氣體常數　　T：溫度

　　對於擴散層濃度差偏小且可忽略的情況下，上述公式可簡化爲：

$$i = i_e \left\{ \exp\left[\frac{-\alpha F}{RT} V \right] - \exp\left[\frac{\beta F}{RT} V \right] \right\}$$

　　此式稱爲 **Butler-Volmer** 方程式，作爲**忽略濃度極化**下，過電位影響氧化還原速率之分析。

3-3.2 電化學等效電路與暫態反應

　　基於電雙層的電容特性和各項材料的阻抗現象，發現可以採取電子元件構成的線路來代替電化學的反應，藉此建立電化學反應模型以利進行相關研究。對於電池極化過程的暫態分析，可以下面**等效電路**表示。

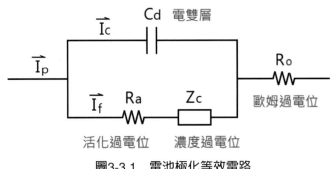

圖3-3.1　電池極化等效電路

　　界面活化極化的阻抗包括**電雙層電容效應** C_d 和**活化電阻** R_a，Z_c 代表擴散層的**濃度極化阻抗**，以及包括電解液、SEI、隔離膜、電極接點所有**歐姆極化**的電阻 R_o，電池總電流 I_p，對電雙層充電的電容電流 I_c，以及電化學反應電流 I_f，且 $I_p = I_c + I_f$。

　　請參考圖 3-3.2，活化極化的建立過程，在沒有充放電流的平衡**穩態**下，電容電流 I_c 和電化學反應電流 I_f 都是零，當外部施加一電流 I_p 而引發**暫態**反應，開始形成各種過電位。在緊密層部分，初期由於化學反應遲緩，大部分的 I_p 電流分流到電容電流 I_c 對電雙層充電，同時增大電雙層的極化，小部分成為導通電流 I_f，隨著電雙層極化的完成，電容電流 I_c 逐漸減小到零，不再對電雙層充電。

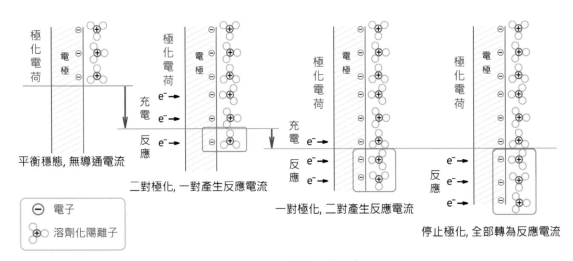

圖3-3.2　電雙層電容效應

　　暫態反應初期所施加的總電流 I_p，其中的反應電流 I_f 建立後流經電池內部，隨著反應電流 I_f 的增加，**緊密層**電解液的陽離子被消耗，電解液在界面的反應物濃度下降，使得**擴散層**厚度逐漸加大，**主體區**則持續縮小直到濃度極化完成後，暫態反應結束進入穩態階段，電容電流 I_c 降為零，總電流 I_p 全部成為反應電流 I_f。

電池內阻量測

3-4.1 電池內阻量測方法

　　請參考圖 3-4.1 與圖 3-4.2，由前一節三種電池過電位的複雜成因可知，電池內阻並非固定值，電池內阻除了因本身材料的組成和長期損耗的劣化，也會隨著**電流大小、荷電狀態（SOC）、閉路／開路暫態時間、環境溫度**等使用條件而改變。

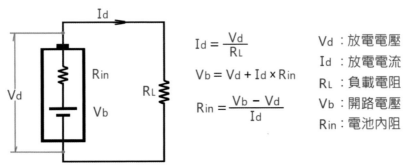

$$I_d = \frac{V_d}{R_L}$$

$$V_b = V_d + I_d \times R_{in}$$

$$R_{in} = \frac{V_b - V_d}{I_d}$$

V_d：放電電壓
I_d：放電電流
R_L：負載電阻
V_b：開路電壓
R_{in}：電池內阻

圖3-4.1　電池內阻之量測與計算（放電）

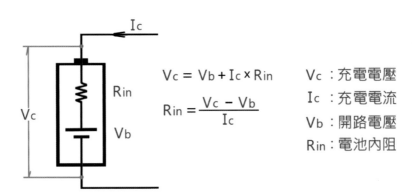

$$V_c = V_b + I_c \times R_{in}$$

$$R_{in} = \frac{V_c - V_b}{I_c}$$

V_c：充電電壓
I_c：充電電流
V_b：開路電壓
R_{in}：電池內阻

圖3-4.2　電池內阻之量測與計算（充電）

　　量測單電芯內阻時，為了不對電芯造成傷害，習慣採用交流電源的**電化阻抗儀**（electrochemical impedance spectroscope, EIS），一般以 1kHz 頻率交流電通過 50mA 小電流來量測，交流電源比較不會產生活化過電位和濃度過電位的極化，然而，由於電池實際是以直流電工作，因此交流電阻與電池直流電阻值有所差異，只能作為衡量電芯的相對參考指標。

　　電池是以直流型態工作，直流內阻才是工作時的實際內阻，由於化學反應的極化作用，充電時閉路電壓會有**虛浮現象**，放電時電壓會有**抑制現象**，C rate 越高差距越大，而且在切斷電流時，開路電壓需要經過一段時間才會回復到穩定值，這種**電壓遲滯**現象主要來自活化極化和濃度極化。

　　直流內阻量測實務主要是以**恆電流法**或**恆電壓法**量測暫態變化量，恆電流法即是對電池施加一定電流，並記錄其**電位**相對時間之**變化**，恆電壓法即是對電池施加一定電壓，並記錄其**電流**相對時間之**變化**。兩種方法可採用**充電**或**放電**的方式，充電時電池電壓會有虛浮現象，放電時電池電壓會有抑制現象，因此兩種方式的量測結果會有差異。對於暫態變化量的量測方式又可分為在充電或放電**起始時**，量測**閉路前期**的**階躍**（step）模式，以及充電或放電**停止後**，量測**開路後期**的**弛豫**（relax）模式。

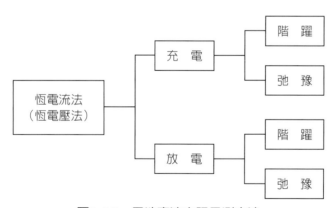

圖3-4.3　電池直流內阻量測方法

　　綜合而言在量測直流內阻時，應先區分荷電狀態（SOC）和電流大小，並量測充放電起始 5～10 秒的電壓差值，趁活化極化和濃度極化尚不明顯時快速量測歐姆內阻，歐姆內阻是電池自身能量損耗的主要來源。

3-4.2 電池內阻量測實例

　　下列圖表 3-4.4 是**鈦酸鋰電芯**以 2C 倍率進行**恆電流法充電**來量測直流內阻，橫軸爲時間，縱軸是電壓差值，依 SOC 狀態每次施予持續充電 3 分鐘（約合 11% 的 SOC），#1 代表自 0% 電量開始充電，記錄剛起始充電的階躍和充電 3 分鐘後弛豫的電壓變化，#2 代表從 11% 電量開始第二個充電 3 分鐘的情況，依次進行 #3、#4、……至 #9 爲止，針對不同電池電量 SOC 值各別進行，量測電壓的暫態變化量。

　　在**階躍模式**，電壓暫態增大值分布在 0.14V～0.25V，以顏色標示不同 SOC 的電壓曲線，在充電起始點有明顯差異達 **0.11V**，在**較低 SOC 的內阻較大**，當 SOC 大於 33%（圖面上部 #4 之後曲線）壓升集中於一固定值 0.14V～0.19V，充電 10 秒之後的極化現象逐漸穩定，電壓暫態增量呈收斂趨勢，再經過一段時間壓升大約維持在 0.25V～0.3V 左右。

　　在**弛豫模式**，電壓暫態下降值集中在 -0.13V～-0.18V，不同 SOC 的電壓變化值差異並不明顯，且將近充飽電的**高 SOC 區段電壓下降值較小，電池內阻在 SOC 中間區段略微增加**，然而阻值並未因 SOC 不同而有明顯差異，再經過一段時間壓降大約維持在 -0.17V～-0.23V 左右。總體而言電池**充電**時，弛豫模式量測的電壓暫態變化值及內阻值都略低於階躍模式，量測結果也較爲集中。

SOC	0%	11%	22%	33%	44%	55%	66%	77%	88%	平均
電流（A）	5.06	4.98	5.02	4.92	4.37	4.73	4.19	4.52	4.19	4.66
階躍（V）	**0.252**	0.210	0.224	0.186	0.156	0.168	**0.142**	0.178	0.162	**0.186**
階躍（Ω）	0.050	0.042	0.045	0.038	0.036	0.036	0.034	0.039	0.039	**0.040**
弛豫（V）	-0.178	-0.166	-0.178	-0.174	-0.172	-0.182	-0.164	**-0.144**	**-0.126**	-0.165
弛豫（Ω）	0.035	0.033	0.035	0.035	0.039	0.038	0.039	0.032	0.030	**0.035**

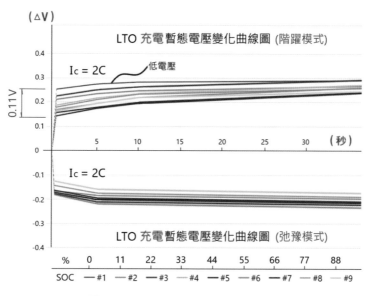

圖3-4.4　鈦酸鋰電池充電內阻量測

下列圖表 3-4.5 是**鈦酸鋰電芯**以 1.5C 倍率進行**恆電流法放電**來量測直流內阻，依 SOC 狀態每次施予持續放電 3 分鐘約合 7% 的荷電量，#1 代表自 91% 電量開始放電，記錄剛起始放電的階躍和放電 3 分鐘後弛豫的電壓變化，#2 代表從 84% 電量開始第二個放電 3 分鐘的情況，依次進行 #3、#4、⋯⋯直到 #13 為止，針對不同電池電量 SOC 值分別進行恆電流法，量測電壓的暫態變化量。

SOC	91%	84%	77%	70%	63%	56%	49%
電流（A）	4.22	4.15	4.05	4.00	3.85	3.84	3.74
階躍（V）	-0.166	-0.150	-0.142	-0.134	-0.150	-0.142	-0.140
階躍（Ω）	0.039	0.036	0.035	0.034	0.039	0.037	0.037
弛豫（V）	0.136	0.136	0.132	0.132	0.142	0.136	0.134
弛豫（Ω）	0.032	0.033	0.033	0.033	0.037	0.035	0.036
SOC	42%	35%	28%	21%	14%	7%	平均
電流（A）	3.64	3.58	3.56	3.45	3.41	3.34	3.76
階躍（V）	-0.140	-0.140	-0.140	-0.146	-0.154	-0.168	-0.147
階躍（Ω）	0.038	0.039	0.039	0.042	0.045	0.050	**0.039**
弛豫（V）	0.138	0.142	0.158	0.200	0.194	0.210	0.153
弛豫（Ω）	0.038	0.040	0.044	0.058	0.057	0.063	**0.041**

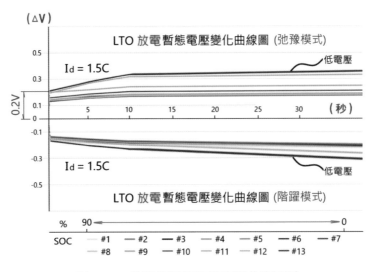

圖3-4.5　鈦酸鋰電池放電內阻曲線量測

在**階躍模式**，電壓暫態變化值集中在 -0.14V～-0.17V，以顏色標示不同 SOC 的電壓曲線，在放電起始點並無明顯差異，在較**低 SOC 端的內阻稍大**，放電大約 10 秒之後極化現象逐漸穩定，電壓變化量略呈發散，扣除放電造成的電量消耗，電壓經過一段時間大約下降 0.25V 左右。

在**弛豫模式**，電壓變化值於高 SOC 區段集中在 0.13V～0.14V，**低 SOC 區段則明顯回復達 0.2V**，較大的電壓差距現象與充電時的階躍模式類似，除了極化過電位的差異，鈦酸鋰電池的表面電容效應可能在低 SOC 區段產生較大影響。

總體而言電池**放電時**，階躍模式量測的電壓暫態變化值及內阻值與弛豫模式相近，但量測結果較為集中一致，處於低 SOC 狀態時，弛豫模式的電壓變化值及內阻值都有增大現象。

3-4.3 電池極化過電位

電池過電位的構成與電池的極化，依時間軸的相對關係如圖 3-4.6 所示，在電池通電的瞬間電池既有的**歐姆內阻**即刻產生過電位，來源包括**電解液阻抗、固體間的接觸阻抗、和固態電解質界面膜**，歐姆過電位是造成電能損耗的主要原因；其次是正負極活性物質界面的活化極化，損耗的電壓差是為克服反應所需的**活化能**，同時開始對

電雙層的電容充電，充電的電容電流由大而逐漸減小，反應電流則反向建立；接續是電解液**擴散層**的濃度差所導致的過電位；最後是完成界面**電雙層電容**的過電位。

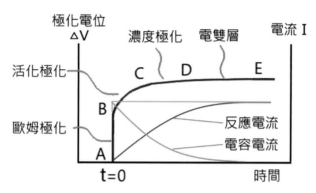

圖3-4.6　電池極化過電位與電流分布

　　造成電池失效的原因眾多且彼此交互影響，利用量測電池內阻固然可以評估電池的老化情況，藉以汰除不堪用的電池，但是電池老化只是電池失效的肇因之一，無法僅以電池內阻來估算電池堪用的剩餘壽命。

　　對於篩選過的堪用電池，藉由歸納各種電池物理參數包括：**電池荷電量**（SOC）、**交流內阻**（alternative current internal resistance, ACR）、**直流內阻**（direct current internal resistance, DCR）、**工作功率**（state of power, SOP）、**充放電曲線**等，所綜合得出的**電池健康狀態**（state of health, SOH），固然可了解電池相對狀態，但也只是僅供參考的可能機率，並無法藉此有效預估**電池剩餘使用壽命**（remaining useful life, RUL），由於電池失效模式眾多，化學反應機制過於複雜，電池的使用壽命並非都是遞減的線性延伸，單從電池量測的外顯參數，很難偵測出電池內部的化學狀態，對於重複利用汰役電池的安全性和剩餘壽命，現今依然存在不少的疑慮。

鋰離子電池化學反應

鋰離子電池與早期的 Galvanic cell 電池或鉛酸電池最大的不同在於，舊式電池在電極上所發生的是完整氧化或還原的物質，這類活性物質在反應時晶體結構會改變（conversion materials），以致充放電速度和使用壽命十分有限。

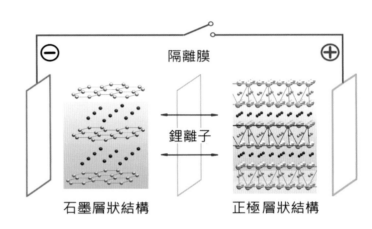

鋰離子在正負極材料的層狀結構之間往返穿梭，鋰離子的嵌入與脫嵌通常不會改變正負極活性物質的晶體結構。

石墨層狀結構　　　　　正極層狀結構

圖3-5.1　鋰離子電池嵌入與脫嵌

鋰離子電池則是以**嵌入**（intercalation）和**脫嵌**（deintercalation）的方式，在**層狀結構**的正負極材料間穿梭，如圖 3-5.1 所示，一般只引起層與層的間距變化，或是相的轉變（phase transformation），通常不會改變晶體結構。由於鋰三元、錳酸鋰、磷酸鐵鋰等正極材料和石墨、鈦酸鋰負極材料，都形成層狀排列的結構（請參考第 4-1 節與 4-2 節），使得鋰離子類似在搖椅上往返於正負極之間，故被稱為**搖椅**（rocking-chair）或是**搖擺式電池**（swing battery），在充電時鋰離子並未被完全還原，特別是在石墨負極，鋰離子仍是以離子狀態 Li^+ 嵌入在石墨層狀結構之間，電子則吸附在石墨材料的表面，並未與鋰離子完整還原。

請參考圖 3-5.2，以鈷酸鋰正極材料為例說明，負極材料使用石墨，鋰離子藉由電解液穿梭於隔離膜的兩側。其化學反應式為：

正極反應：$Li_{1-x}CoO_2 + xLi^+ + xe^- \longleftrightarrow LiCoO_2$

負極反應：$Li_xC_6 \longleftrightarrow xLi^+ + xe^- + 6C$

全反應：$Li_{1-x}CoO_2 + Li_xC_6 \longleftrightarrow LiCoO_2 + 6C$

充電時（右圖）**正極**鈷酸鋰材料進行氧化反應，一方面釋出鋰離子游向負極，電子並從正極向外流出；同一時間，**負極**週遭的鋰離子則與來自外部的電子結合（**還原**）後嵌入負極石墨。放電時（左圖）**負極**進行氧化反應，將電子向外推出，帶正電的鋰離子則游向正極；同一時間，**正極**接收外部流入的電子，與電解液中的鋰離子結合後（**還原**），進入正極鈷酸鋰材料。

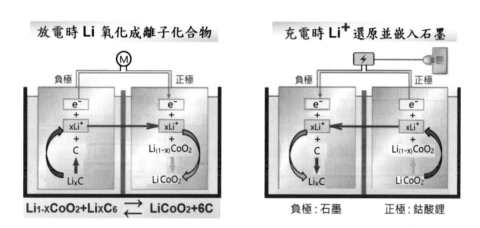

圖3-5.2　鋰離子電池氧化與還原反應

4章

鋰離子電池材料

　　鋰離子在電池兩極之間的嵌入與脫嵌，來回擺盪如同搖椅一般的動作，主要原因是正負極材料都形成了層狀結構。本章依電池各部組成材料，包括：**正極活性物質、負極活性物質、電解質、隔離膜、封裝外殼**等，逐一說明材料的類別、結構與性質，尤其是正負極材料的晶格結構。

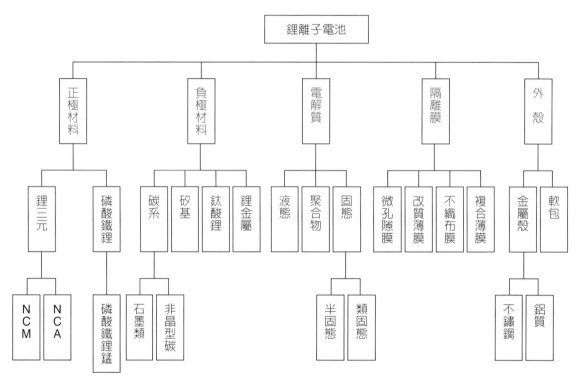

圖4-0.1　鋰離子電池材料分類

鋰離子電池正極材料

鋰離子電池正極材料主要分成鋰三元和**磷酸鐵鋰**兩類。鋰離子電池正極材料由鈷酸鋰發展起始,續有錳酸鋰,之後發展出鈷酸鋰、錳酸鋰、鎳酸鋰加以調配的鋰三元 NCM,或是以摻鋁取代錳的 NCA,甚至四種元素化合的鋰四元 NCMA。正極多元鋰材料搭配石墨負極形成 3.6～3.7V 的電壓平台,而磷酸鐵鋰材料搭配石墨負極形成 3.2V 的電壓平台。

鈦酸鋰電池也屬於鋰離子電池系列的一種,然而**鈦酸鋰**是取代石墨作為負極材料,再與鋰三元或磷酸鐵鋰等正極材料搭配成為鋰離子電池的一個分支。由於負極材料是充電時接收鋰離子之所在,因此產生截然不同的反應和效能,細節請參考第五章〔鈦酸鋰電池介紹〕。鋰離子電池的正極材料和負極石墨材料依次說明如下:

4-1.1 正極鈷酸鋰

鈷酸鋰電池的化學反應式如下:

$$Li_{1-x}CoO_2 + Li_xC_6 \longleftrightarrow LiCoO_2 + 6C$$

請參考圖 4-1.1,鈷酸鋰具有**層狀結構**(O_3)、**尖晶石結構**(O_2)、**岩鹽相**(O_1)三種不同類型的物相結構,其中**氧原子**以 ABCABC 三層交疊的立方密堆積 O_3 結構(cubic closest packed, CCP),構成**層狀結構**的骨架,具有最好的電化學性能,鈷和鋰分層占據由氧原子組成的**八面體孔隙**(octahedral hole),層狀鈷酸鋰屬六方晶系(hexagonal),主要價態是 $Li^+Co^{3+}O_2^{2-}$。

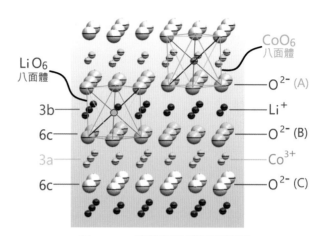

圖4-1.1　鈷酸鋰晶體層狀結構

　　鈷酸鋰電池化學反應式中：Li$_{1-x}$CoO$_2$ + Li$_x$C$_6$ ⟷ LiCoO$_2$ + 6C，其中 x 表示鈷酸鋰所含的鋰成分的分布比例。充電時負極石墨中嵌入的鋰離子比例逐次增加，當電池充達 4.2V 時，x 比例在 0.5 ≤ x < 0.55 之間，這時已有 50% 以上的鋰離子嵌入至負極石墨，而 Li$_{1-x}$CoO$_2$ 將由六方晶系轉變爲單斜晶系，鈷酸鋰材料的理論比容量可達 274mAh/g。

4-1.2 正極錳酸鋰

　　錳酸鋰電池的化學反應式如下：

$$Li_{1-x}Mn_2O_4 + Li_xC_6 \longleftrightarrow LiMn_2O_4 + 6C$$

　　錳酸鋰包括尖晶石型和層狀結構，其中尖晶石型錳酸鋰結構穩定，易於實現工業化生產，現今市場產品均爲此種結構。尖晶石型錳酸鋰屬於立方晶系，由於具有三維隧道結構，鋰離子可逆地從尖晶石晶格中脫嵌，不會引起結構的塌陷，具有優異的倍率性能和穩定性，尖晶石錳酸鋰材料的理論比容量爲 148mAh/g。

　　如圖 4-1.2 所示，尖晶石單位晶格中含有 56 個原子包括：8 個鋰原子，16 個錳原子，32 個氧原子，由四面體晶格 8a、48f 和八面體晶格 16c 共面形成的三維空道。8 個四面體 8a 位置由鋰離子占據，16 個八面體位置 16d 是由 Mn^{3+} 和 Mn^{4+} 按 1：1

比例占據，八面體的 16c 位置全部空位，氧離子占據八面體 32e 位置。詳細內容請參考第 5-1 節尖晶石結構說明。

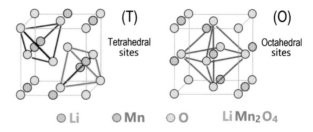

圖4-1.2　錳酸鋰晶體結構

4-1.3 正極鋰三元

鋰三元電池的化學反應式如下：

$$Li_{1-x}(Ni_{1-p-q}Co_pMn_q)O_2 + Li_xC_6 \longleftrightarrow Li(Ni_{1-p-q}Co_pMn_q)O_2 + 6C$$

請參考圖 4-1.3，三元材料鎳鈷錳酸鋰（$LiNi_{1-p-q}Co_pMn_qO_2$, NCM）結構與鈷酸鋰一樣，氧原子以立方密堆積形成**層狀結構**的骨架，占據 6c 位置，Li 原子占據 3b 位置，形成 LiO_6 八面體，由於鎳、鈷、錳原子之間存在明顯的協同效應，因此 Ni、Co、Mn 可隨機占據如同鈷酸鋰結構的 3a 位置，形成 $(Ni_{1-p-q}Co_pMn_q)O_6$ 八面體，。鎳鈷錳三種元素的主要價態分別是 Ni^{2+}、Co^{3+} 和 Mn^{4+}，鋰三元材料理論比容量為 278mAh/g。

鎳為鋰三元主要活性元素，Ni 的存在有助於**提高容量**，高鎳三元系如 NCM811 含鎳比超過 80%，能量密度可達 280Wh/Kg 以上，不過由於 Ni^{2+} 與 Li^+ 離子半徑接近，含量過高將會與 Li^+ 產生混排效應，導致**循環性能和安全度的惡化**；Co^{3+} 能有效穩定三元材料的層狀結構並抑制陽離子混排、提高材料的電子導電性和改善循環性能；Mn^{4+} 的存在能降低成本、改善材料的結構穩定性和安全性，過高的 Mn 含量容易出現尖晶石相而**破壞層狀結構**，造成容量衰減和循環性能變差。

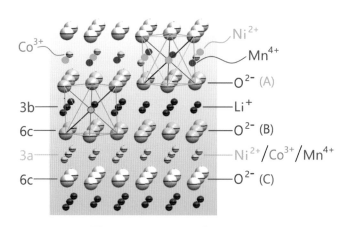

鋰三元層狀結構

氧原子占據6c的位置，Li原子占據3b的位置，形成LiO_6的**八面體**，Ni、Co、Mn隨機占據各層3a的位置形成$(Ni_{1-p-q}Co_pMn_q)O_6$八面體，與LiO_6八面體交替排列。

圖4-1.3　鋰三元晶體層狀結構

鋰三元材料除了 NCM，尚有以鋁取代錳而組成的 $Li(Ni_{1-p-q}Co_pAl_q)O_2$, NCA 另類鋰三元，同樣是層狀結構，各種化學特性與 NCM 十分近似。

4-1.4 正極磷酸鐵鋰

磷酸鐵鋰電池的化學反應式如下：

$$Li_{1-x}FePO_4 + Li_xC_6 \longleftrightarrow LiFePO_4 + 6C$$

磷酸鐵鋰材料屬於斜方（正交）晶系（orthorhombic）**橄欖石結構**，主要價態是 $Li^+Fe^{2+}(PO_4)^{3-}$，鋰為正一價，中心金屬鐵為正二價，磷酸根為負三價，每個磷酸鐵鋰晶胞由四個 $LiFe(PO_4)$ 單元所組成，充電時正極材料的鋰離子含量減少，部分的鐵由正二價 Fe^{2+} 轉為正三價 Fe^{3+}。

請參考圖 4-1.4，磷酸鐵鋰結構是以**氧原子**以 ABAB 兩層交疊作為基本骨架，晶格中含有 PO_4 四面體和 LiO_6(M1) 和 FeO_6(M2) 兩種八面體，由於 PO_4 四面體鍵結和 LiO_6 八面體的變形，因而造成稍微扭曲的六方緊密堆積（hexagonal closest packed, HCP），形成 Z 字型的鏈狀結構。

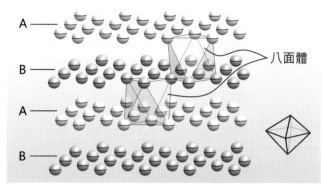

立方緊密堆積晶格是ABCABC三層交疊組成；六方緊密堆積晶格則是ABAB兩層交疊而成。

圖4-1.4　六方緊密堆積晶體結構

　　磷酸鐵鋰結構中鐵與周圍的六個氧組成FeO_6八面體單元，在 bc 平面上（100面）採間隔分布，每個單元沿平面方向與上下縱橫的其它四個單元分別共用氧原子聯結成網狀層，整排六方緊密的**八面體孔隙**（octahedral hole），Fe 占據其中的 1/2 位置，如圖 4-1.5 所示。

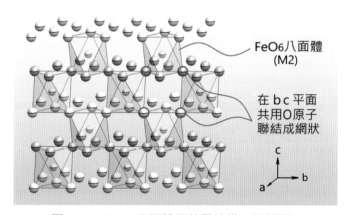

圖4-1.5　FeO_6八面體網狀層結構bc面視圖

　　上圖為單排 FeO_6 八面體網狀層的前視圖，圖 4-1.6 為多排 FeO_6 網狀層在 ac 面（010面）的側視圖，沿 bc 平面分布的 FeO_6 八面體是以間隔樣式上下銜接，FeO_6 網狀層與層之間彼此分隔並未直接相連，其間留有PO_4四面體和LiO_6八面體的位置。

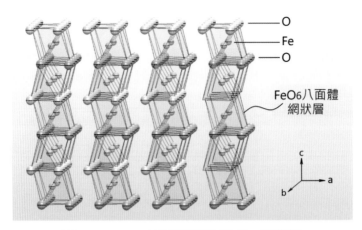

圖4-1.6　FeO$_6$八面體網狀層結構ac面視圖

　　請參考圖 4-1.7，FeO$_6$ 網狀層與層之間留下的空位穿插上下反向的 PO$_4$ 四面體對，相對於 FeO$_6$ 八面體位置，PO$_4$ 四面體不僅在 bc 平面採間隔式分布，在 a 軸方向的間隔擴大為 1：4，上下向的四面體則成對配置，且沿 c 軸垂直行（column）的四面體指向一致，但相鄰行的四面體則變為反向，FeO$_6$ 網狀層藉由 PO$_4$ 四面體的居中聯結，形成穩定的橄欖石架構。

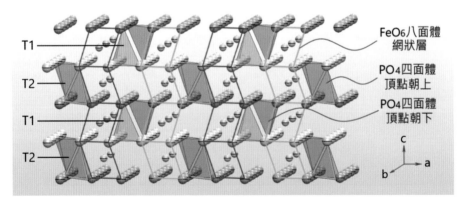

圖4-1.7　PO$_4$四面體ac面分布

　　圖 4-1.8 為上圖在 ab 平面（001 面）的上視圖，T1 橫列（row）的 PO$_4$ 四面體對與 T2 橫列的 PO$_4$ 四面體對在 c 軸方向的高度不同，T1 與 T2 四面體對的位置呈反向對稱，且單一個別的 PO$_4$ 四面體彼此都不相銜接。由於 PO$_4$ 四面體鍵結和 LiO$_6$ 八面體的變形，實際空間結構呈扭曲鍵結，為便於讀者理解磷酸鐵鋰晶格構造連接關

係，本圖以未扭曲的八面體鏈結呈現。

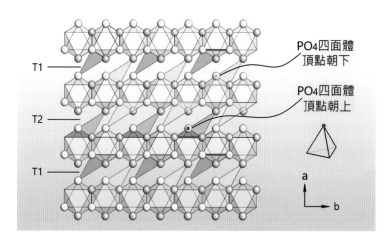

圖4-1.8　PO_4四面體ab面分布

　　請參考圖 4-1.9，以**頂點朝上**的四面體爲例，PO_4 下緣與下層的一個 FeO_6 八面體在 1,2 點共稜邊聯結（紅色線），同時與同一層左右邊的 FeO_6 分別在 1,2 點共氧原子點銜接（紅色點）。

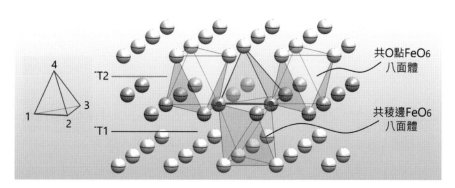

圖4-1.9　PO_4四面體與FeO_6八面體連接關係-1

　　續參考圖 4-1.10 爲上圖固定垂直向旋轉 180 度的視圖，PO_4 四面體除了 1,2 點的連接之外，尚與同層前方的 FeO_6 八面體在第 3 點共氧原子銜接（紅色點），第 4 點則是與上層的 FeO_6 共點銜接（紅色點）。頂點朝下的四面體則是構成相同但上下倒置的聯結。單一 PO_4 四面體共與 5 個 FeO_6 八面體聯結，第 1,2,4 點所連接的 FeO_6

屬於同側 bc 面上的網狀層，第 3 點則是沿 a 軸向外連接鄰側的八面體網狀層，由於 PO_4 的居中聯結形成穩固的磷酸鐵鋰結構。

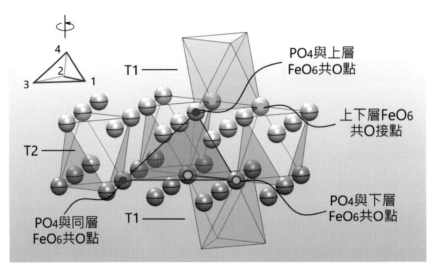

圖4-1.10　PO_4四面體與FeO_6八面體連接關係-2

　　請比對圖 4-1.11 與圖 4-1.7，將可發現在 FeO_6 八面體層和居間連結的 PO_4 四面體以外，與 FeO_6 八面體共稜邊的空間骨架中仍留有未被占據的空間，形成 Li^+ 的儲存通道，每個 LiO_6 八面體與同一層的兩個 FeO_6 八面體共稜邊，沿著 b 軸形成一串共邊的長鏈。

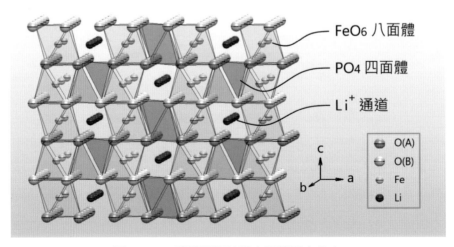

圖4-1.11　磷酸鐵鋰結構中鋰離子之分布

　　相較錳酸鋰尖晶石結構（圖 4-1.2）和鋰三元立方密堆積（圖 4-1.3），磷酸鐵鋰晶格結構並未形成整片的鋰離子層狀結構，由於通道受限造成鋰離子遷移速率較小，不過鋰離子管狀排列的**類層狀**結構，仍可達到搖椅式嵌入與脫嵌的化學作用。磷酸鐵鋰材料理論比容量為 170mAh/g。

鋰離子電池負極材料

　　碳材是現有鋰離子電池的主要負極材料，尤其是鋰三元系和磷酸鐵鋰，唯獨鈦酸鋰電池並不使用碳材，而是使用鈦酸鋰做負極材料。

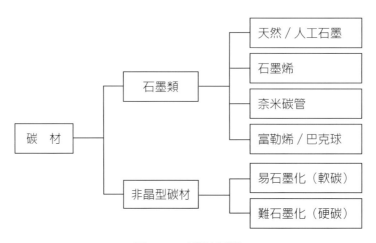

圖4-2.1　碳材種類

　　碳材由石墨微晶構成，概分為結晶度高的**石墨類**與結晶度低的**非晶型碳材**，在各類碳材中石墨容量密度高，性能優越，材料成本便宜，是鋰離子電池使用最廣的負極材料，由於石墨晶型層狀結構的變化又衍生出**石墨烯、奈米碳管、富勒烯／巴克球**C60 等同素異形體材料；非晶型碳材則可分為**低結晶性**的**軟碳**，和**無結晶性**的**硬碳**。

4-2.1 石墨類

　　泛碳材系列做為電池負極的半反應式如下：

$$Li_xC_n \longleftrightarrow xLi^+ + xe^- + nC$$

　　完全石墨化的碳材做為電池負極的半反應式如下：

$$Li_xC_6 \longleftrightarrow xLi^+ + xe^- + 6C$$

　　鋰離子二次電池的石墨負極材料，可分為**人工石墨**與**天然石墨**，人工石墨一般使用**介穩相球狀碳** MCMB（mesophase carbon micro beads）為原材，MCMB 是一種低表面積、高緊密堆積的球狀碳，其結構規則性高，有利於鋰離子可逆進出之碳材料，所以具有庫倫效率高及首次不可逆小等優點，但須加熱至 2800℃ 以上方能產生石墨化。

　　石墨碳原子以 **sp² 混成軌域共價鍵**結合成正六邊形，剩餘一垂直方向的 p 軌域重疊形成 π 鍵，排列成蜂巢形二維層狀晶體結構，每個碳原子在 p 軌域多出一個電子可自由移動，因此石墨具有導電性。同一平面層碳原子的原子間距 0.142nm，層間距 0.335nm，同層上的碳原子間鍵結力強，層與層之間則為微弱的**凡得瓦力**（Van der Waals forces）。

　　石墨晶體分為兩種組成結構，其一為**六方晶系**，碳原子層以 ABAB 的交錯方式排列，由俯視圖觀之，每一個六邊形有三個碳原子位置與其上下層的碳原子重疊，且與其上層和下層的重疊位置相同，如圖 4-2.2 結構所示；另一種是**三方晶系**，碳原子層以 ABCABC 的方式輪動排列，同樣每一個六邊形有三個碳原子位置與其上下層的碳原子重疊，但是上層和下層的重疊位置不同，如圖 4-2.3 結構所示。石墨中的六方晶系結構較三方晶系穩定，因此石墨以六方晶系結構為主，三方晶系約占 30% 以下。

(A) 六方晶系

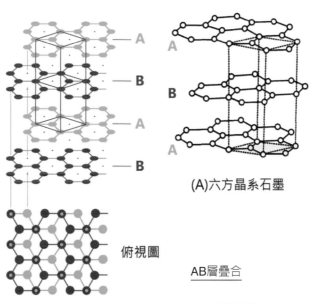

(A)六方晶系石墨

俯視圖

AB層疊合

圖4-2.2　六方晶系石墨晶體結構

(B) 三方晶系

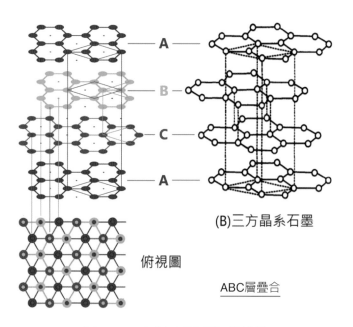

(B)三方晶系石墨

俯視圖

ABC層疊合

圖4-2.3　三方晶系石墨晶體結構

　　充電時鋰離子進入碳材形成**嵌鋰石墨化合物**（graphite intercalated compound, GIC），鋰在 LiC_6 中占據六圓環中心位置，理想狀況下石墨結構中以 6：1 比例完全嵌入鋰，藉此得以計算出石墨最大理論電容量為 372 mAh/g。石墨作為鋰離子電池的負極，在充電或放電時的鋰離子嵌入或脫嵌的過程中，呈現**較大的體積變化**，充滿電時石墨膨脹率高達 7% 以上，使得石墨顆粒間產生較大應力，導致負極石墨掉粉，影響電池的**循環壽命**；同時，由於石墨層與層之間的間距小，影響 Li^+ 在石墨層間的**擴散速率**，造成石墨的**大電流充放電性能較低**，無法提供大功率充放電的要求；另外，石墨在低溫環境下或大倍率充電時，會在石墨表面產生**鋰結晶**，可能造成內部短路的潛伏安全隱憂。

　　石墨負極容易和電解液反應產生**固態電解質介面膜**（solid electrolyte interface, SEI），尤其在電池初始充電時，會消耗定量的鋰離子，和電解液中的鹽反應生成 SEI 層。適當厚度的 SEI 具有極低的電導率使得電子無法通過，並能阻絕電解質的擴散，防止石墨與電解液中的鹽類和溶劑持續產生化學反應。

　　石墨與**石墨烯、碳納米管、富勒烯**（巴克球）、**金剛石**等都是碳元素的單質，它們互為**同素異形體**，而石墨烯、碳納米管、富勒烯都是以蜂巢狀為單元所衍生出的**類石墨結構**。

　　石墨烯就是單原子層的石墨，只有一個碳原子厚度的二維材料，碳原子以 sp^2 混成軌域呈蜂巢晶格（honeycomb crystal lattice）排列構成，純石墨烯的性質介於金屬與半導體之間，它的電子遷移率超過 $15,000cm^2/(V \cdot s)$，比奈米碳管高，而電阻率只約 $10^{-6}\Omega \cdot m$，比銅或銀更低，為目前世上**電阻率最小**的材料。

石墨烯：單原子層石墨

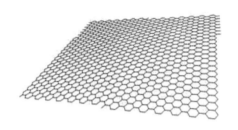

圖4-2.4　石墨烯結構

　　奈米碳管是碳原子組成的圓管，可視為由石墨層捲曲成的中空構造，奈米碳管上每個碳原子也是同石墨一樣由 sp^2 混成軌域鍵結，形成六邊形蜂窩狀結構的組成單元。奈米碳管具備各種優異特性：軸向強度大、徑向可撓度高、密度小、抗熱分解（2800℃）、抗腐蝕、導熱和導電性佳，可添加在電池正負極材料中增加導電性。

奈米碳管：石墨層捲曲成管狀

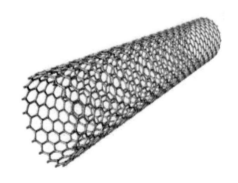

圖4-2.5　奈米碳管結構

　　富勒烯（Fullerene）或**巴克球**（Buckyball），又稱碳六十，是一種由碳原子組成的中空球狀分子，基本上由六十個碳原子所構成，同樣以 sp^2 混成軌域鍵結，包括 20 個六邊形及 12 個五邊形橋接，共有 32 個面，交錯構成封閉的中空球體。

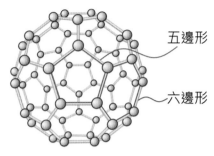

富勒烯：石墨層中空球體

五邊形

六邊形

圖4-2.6　富勒烯結構

4-2.2 非晶型碳

非晶型碳材按照石墨化熱處理溫度可分為**低結晶性**的**軟碳**，和**無結晶性**的**硬碳**。依照前驅物以及製程條件的不同，使得碳原子有著不同的微晶排列方式。（圖4-2.7）

石墨（高結晶度）　　　　軟碳（低結晶度）　　　　硬碳（無結晶度）
　　　　　　　　　　　　高溫處理可石墨化　　　　無法石墨化

圖4-2.7　軟碳與硬碳結構

軟碳結晶度低、晶粒尺寸小，來源包括**瀝青焦、石油焦**，能在 2800℃ 溫度以下石墨化，於高溫處理過程中形成半流體狀態，使得多數**苯環**網面結構能夠平行有序地成長，易形成有規則的石墨層狀結構。石墨中摻雜軟碳含量高，可有助電池**低溫充電性能、提高循環次數**及大倍率的充電，由於軟碳**首次充放電不可逆容量**高，通常不直接作為負極材料。

硬碳來自於**熱固型高分子、煤碳、石油瀝青**或**有機材料**，結構屬 sp^3 混成軌域並形成立體交聯，包括單碳原子層、無序的不規則結構、晶格缺陷等，使得高溫裂解處理時流動性差，難以形成排列較為規律的石墨結構，即使在 2800℃ 以上也難以石墨

化，整體排列較鬆散且無方向性，相較於石墨和軟碳，其單位體積的材料密度較低。

硬碳相對於石墨具有較高的比容量，鋰碳的化學計量比可達 Li_2C_6，可能原因在於 Li^+ 的多重儲存機制，Li^+ 除了嵌入石墨層，還有結構中奈米孔洞對 Li^+ 的吸附，以及晶格缺陷對 Li^+ 的吸附。Li^+ 在硬碳的**擴散速度較快**，有利於電池更快地充放電。

軟碳和硬碳材料由於結晶排列不規則，以致內表面積較石墨大，需要形成的 SEI 層多且困難，因此這兩種材料的**不可逆電容量損耗大**，以致首次充放電效率較石墨來得低。

電解質

　　電解質（液）是正負極之間傳遞離子的通道，由**電解質鹽**、**溶劑**、**添加劑**所組成。**六氟磷酸鋰**（$LiPF_6$）是目前鋰離子電池應用最廣泛的**鋰鹽**，另有其它 $LiBF_4$、$LiClO_4$、LiBOB、LiFSI、$LiBC_4O_8$ 等各型鋰鹽發展中；常見的**溶劑**則有碳酸乙烯酯（EC）、碳酸丙烯酯（PC）、碳酸二甲酯（DMC）、碳酸甲乙酯（EMC）、碳酸二乙酯（DEC）、醚類、腈類等。

　　電解液除了要有**高離子電導率**，同時在**液體黏度**、**鋰鹽溶解度**、**解離度**、**穩定度**、**電化學窗口**（工作電壓）、**工作溫度**、**耐燃性**、**汙染性**等，都要符合需求，為了改善電解液的各項缺點，可藉由各種**添加劑**加以調整，以下依據「**參考文獻 6**」——《鋰電池基礎科學》第 8-3.3 節，其中提到有關電解液之各項添加劑如下：

　　碳酸亞乙烯酯（VC）和苯甲醚可提高 **SEI 膜**的穩定度；12- 冠 -4 醚可增加**離子電導率**；磷酸酯和氟代碳酸酯可做為**阻燃劑**；二甲氧基取代苯和丁基二茂鐵可在過充電壓時優先反應以避免**鋰析出**；HF 和 H_2O 會造成鋰鹽 $LiPF_6$ 的分解，可用鋰或鈣的碳酸鹽、氧化鋁等先與 HF 反應，另外添加六甲基二矽烷（HMDS）來**吸水**；聯苯、雜環化合物、1,4- 二氧環乙烯醚等可改善電解液**耐高電壓**的穩定性；甲基乙烯碳酸酯（MEC）和氟代碳酸乙烯酯（FEC）可提升**高低溫性能**。由於添加劑種類繁多加以化學反應多樣且複雜，往往也會帶來各種不同的副作用，更多的細節請見參考文獻 6 的內容。

　　電導是指物質的導電能力，與電阻的定義相反，單位 **S**（西門子）是電阻（Ω）的倒數，離子在電解質中的導電能力定義為**離子電導率**，單位 S/m 或 Ω^{-1}/m。離子電導率是電解質（液）最重要的特性指標之一，電解液的離子**電導率**與**離子遷移速率**成正比，而液體**黏度**卻與離子遷移速率成反比；當電池負極嵌鋰電位**低於 1.2V** 或正極嵌鋰電位**高於 4.5V**，將會與活性材料產生反應，並在電極界面形成固態電解質界面膜（SEI）；而施加電壓若超出電解液可承受的電化學窗口，則會造成**電解液的分解**。

　　聚合物電解質是以高分子材料為骨架，將**鹼金屬鹽**和**塑化劑**（增塑劑）塗佈或浸泡在多孔聚合物膜上，形成具有良好離子電導率的膠狀電解質。**聚合物**（polymer）或稱**高分子**，是指以一種或數種小分子單體為單位，藉由共價鍵結合成巨大分子量的

化合物，氨基酸、澱粉、纖維素等屬於天然聚合物，塑膠樹酯則是最常見的人工聚合物。鋰離子電池常用的聚合物有聚丙烯腈（PAN）、聚環氧乙烯（PEO）、聚甲基丙烯酸甲酯（PMMA）、聚偏氟乙烯（PVDF）等，塑化劑則可用碳酸乙烯酯（EC）、丙烯碳酸酯（PC）等。

　　以膠狀電解質取代電解液就可採用鋁箔軟包取代金屬外殼，藉此得以減少電池的重量，提升電池的重量能量密度，不過鋁箔封口的強度不如金屬密封，極片接縫處的材料也容易發生腐蝕氧化，因而在**防潮**和**機械強度**上會變得較差。若更進一步消除電解液，以固態電解質取代膠狀聚合物電解質，即是所謂的**固態電池**。

固態電解質界面膜

鋰離子電池電極的**活性物質**浸泡在電解液中，容易與其中的**電解質、溶劑、添加劑**發生化學反應，產生的物質中不能溶解的部分就沉積在接觸面生成一層薄膜，這層膜依然具有電解質的特性，可阻攔電子形成**電子絕緣**，卻又能讓**離子通過**，因而稱之為**固態電解質界面膜**（solid electrolyte interphase, SEI），結構如圖 4-4.1 所示。

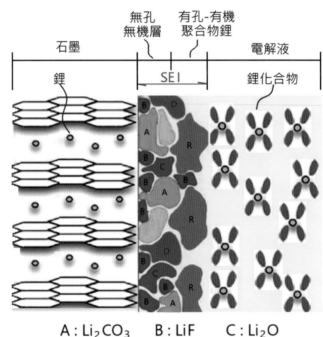

A : Li_2CO_3　　B : LiF　　C : Li_2O
D : LiOH　　R : 聚合物鋰

圖4-4.1　固態電解質界面膜組成

鋰離子電池充電時，負極石墨在鋰離子還原時的嵌鋰電位，其相對於鋰離子自身還原電位約為 0.1V（vs. Li^+/Li），另外，當負極嵌鋰電位在低於 1.2V 情況下會促使電解液反應生成 SEI。鋰離子電池中負責工作的鋰離子是由正極材料所提供，電池在剛組合完成時鋰離子是蘊含於正極端，這時的電池並未帶有電量，因此需要對電池施行「**化成**」程序進行首次充電。電池化成所產生的 SEI 成分，包括貼近石墨表面的

無機物層 Li_2CO_3、Li_2O、LiF、LiOH，和位於外側的有機物層烷基酯鋰、烷氧基鋰，以及聚合物鋰，因此充電第一週期所形成的 SEI 會消耗鋰離子，造成電池電量的損失。

　　穩定的 SEI 膜有助於防止電解液分解，SEI 在反覆充放電的過程中不斷與電解液作用，有些會被重新溶解，有些會剝落，破損的地方會因為石墨與電解液再次接觸而反應，進而消耗鋰離子並長出新的界面膜，SEI 結構將隨著反應時間逐漸增生變厚，不僅使得電池內阻變大，同時也會造成石墨的損耗和劣化。

固態電池

電池極片浸泡在電解液中，固態的活性物質得以與液體緊密接觸，有利於固液界面之間的化學反應和離子傳遞，然而電解液也伴隨不少問題，一方面容易**與正負極材料產生反應、或因電壓而發生解離、或受溫度變化而影響反應效率**，且由於**有機溶劑燃點較低**，當電池內部短路時往往會**引發燃燒**。

以固態電解質取代電解液，理論上可解決許多電解液的副作用，除了延長使用壽命之外並可降低燃燒危險。固態電池如果只是沿用傳統鋰離子電池的正負極材料，能量密度並無法提高，若是在安全無虞條件下，以鋰金屬取代石墨作為負極材料，則可大幅提高電池的能量密度。

基於固態電池的樂觀前景，吸引電池業者競相投入研發，固態電池的材料大略分成**無機固態（硫化物和氧化物）、聚合物固態、複合固態**等技術路線，近十年來產業百家爭鳴，另有**鹵化物、氮化物、離子凝膠、活性物混合電解質**等技術日新月異。又依電解質中電解液含量比例來分類，又可分為**半固態**（液體<10%）、**準固態**（液體<1%）、**全固態**電池。

固態電池發展逾十年，至今仍有許多問題遲遲難以解決，首先是電極層與電解質層的**界面阻抗過高**，由於固固界面之間的接觸缺少了液體的浸潤度，因而造成**接觸面積小、充放電時有接觸間隙、體積膨脹、應力增大**等導致阻抗惡化的問題，再者，正極材料與固態電解質的**離子擴散速率低**，導致離子導電度不佳，也是造成界面阻抗過高的本質因素。

原本以為固態電解質可抑制鋰枝晶的生長，但是依然發現鋰枝晶會沿著固態電解質的**晶界或孔洞生長**，尤其是在大電流密度情況下，還是可能造成**正負極的短路**。固態電池使用鋰金屬作為負極，電池容量密度可高達 500Wh/Kg，但是充放電時鋰離子嵌入與脫嵌的**體積變化過大**，加以仍有鋰枝晶生長問題，目前在**循環次數和安全性**上仍不甚理想，也**不適合大電流充放電**。

如何降低界面阻抗、增加離子導電度、減少體積膨脹、抑制鋰枝晶生長、提高電壓平台等，並能落實量產時的品質良率，尤其是電池性能上的一**致性和穩定性**，固態電池仍需期待更多的突破。

隔離膜

　　隔離膜是一多孔性膜放置於正負極片之間作爲絕緣之用，依組成大致分爲**微孔隙膜、改質薄膜、不織布膜、複合薄膜**。**微孔隙膜**材料主要爲**多孔性聚烯烴**，包括聚乙烯（Polyethylene, PE）、聚丙烯（Polyproylene, PP）、或 PE/PP 複合材料；**改質薄膜**是將微孔隙膜再加以表面處理；**不織布膜**以纖維交織成網狀，具有極佳的孔隙率；**複合薄膜**是將無機物填充入微孔隙膜或不織布膜，可增進熱穩定性和浸潤度。

　　電池裡的極片組成浸潤在電解液中，使得隔離膜的微小孔洞內充填電解液，鋰離子則藉由電解液往返於正負極片之間。隔離膜並未參與電化學反應，但需與電解液維持良好的穩定性、並能耐高溫、且具足夠強度之結構，以免影響電池性能。

　　隔離膜**厚度**直接影響電池的能量密度，隔離膜厚度越薄，可減少占據無效電量的空間及縮短正負極間距，同時提升能量密度和功率密度，又可降低阻抗，但是太薄的隔離膜容易在電池組裝過程中撕裂，或因阻絕不夠造成正負極短路，以致使用壽命縮短或產生燃燒危險。

　　隔離膜上**微小孔洞**的大小、**分布程度**、**孔隙率**（porosity）、**氣體穿透率**（air permeability）與**浸潤度**（wettability），對電池特性的發揮有著巨大的影響，適當的**孔徑**足以攔阻顆粒物質通過，又不致輕易被阻塞；孔洞**均勻分布**則有利電池特性的一致；**孔隙率**是指孔隙占有薄膜體積的比例，越大越有利電解液的浸潤與儲存，進而提高離子電導率，然而過大的孔隙率也會降低隔離膜的機械強度與耐溫程度；再者，孔隙並非規則直孔，未必然貫穿隔離膜，且由孔隙串連的氣道長度會因彎折而拉長，氣道長度越長則越不利電解質的輸送，因此爲量測實際輸送情況，會在標準壓力下量測單位體積氣體通過單位面積的時間來定義**氣體穿透率**，代表電解液導通的順暢程度；**浸潤度**是隔離膜對電解液的吸納程度，隔離膜除了追求高孔隙率與低氣道彎折度，尚需要足夠的浸潤，微孔洞才能被電解液所充滿。微孔洞吸收電解液的速率快和占比高，可降低阻抗並提升功率密度。

孔隙率是指孔隙占有薄膜體積的比例，包含不透氣孔。

透氣率是指隔離膜通過氣體的順暢／阻抗程度。

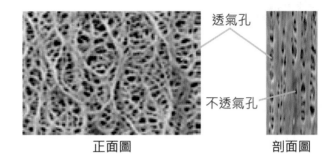

透氣孔

不透氣孔

正面圖　　　　　　剖面圖

圖4-6.1　隔離膜放大圖

電池材料調配與製程

　　製作鋰離子電池時，鋰是由正極材料所提供，譬如將碳酸鋰（鋰源）和鈷的氧化物（鈷源）以 1：1 的比例混製而成電中性的鈷酸鋰 $LiCoO_2$。對於碳系負極材料，在正負極容量的搭配上，會刻意使石墨材料容量多出正極一些，以避免鋰金屬沉積，另外電池化成時所形成的 SEI 也會消耗鋰離子，石墨多餘未使用的容量和 SEI 損耗的鋰離子都會降低電池容量，相對的，犧牲電池的能量密度可減少電池燃燒的風險。

　　正負極材料包括：**活性物質、黏結劑、導電劑**、改性**添加劑**及**溶劑**予以調和，其中只有活性物質才是有效的反應主體，正負極材料混漿塗佈在銅箔或鋁箔極片基材上，經由壓實烘烤形成極片組成，請參考圖 2-2.2 之結構，而電容量則可依照活性材料塗層的**壓實密度、塗層厚度、容量密度**與**活性物質比例**四者乘積來計算。

　　壓實密度是塗層材料的體積重量密度（g/cm^3）；塗層厚度越厚可增加容量密度，但會使阻抗和結構變差，再者過厚的塗層在裁切極片時容易造成材料剝落；容量密度是塗層材料每單位重量所含的電容量（mAh/g）；而活性物質占塗層混漿材料的比例一般在 95% 左右。理想上正負極材料的電容量應該是相等的，不過基於不同材料的特性，需要調整正負極活性材料容量的配比，譬如鋰三元或磷酸鐵鋰電池，為防止鋰金屬沉積及形成 SEI 的損耗，會令石墨材料的容量配比較正極材料多 6%～10%，而鈦酸鋰電池則可維持在 1：1。正負極材料容量的配比可由下列式子計算：

$$A_P \times d_P \times E_P \times R_P = A_N \times d_N \times E_N \times R_N \times \alpha$$

　　正極活性材料塗層的壓實密度（A_P）、塗層厚度（d_P）、容量密度（E_P）與活性物質比例（R_P）四者的乘積，等於負極活性材料塗層的壓實密度（A_N）、塗層厚度（d_N）、容量密度（E_N）與活性物質比例（R_N）四者的乘積，再乘以容量配比（α）。

　　電池特性和品質仰賴**組成材料**（material level）的**微觀**結構和**顆粒單體**（particle level）的**巨觀**構造，甚至包括**電芯零件**（cell level）的**總體**架構。所以即使採用相同的電池材料，經由不同的原料調配、添加劑、生產條件、製程控制，都會產生十分明顯的差異。隨著材料與添加劑的進步，生產經驗和製程控制對於電芯性能優劣的影

響，占有決定性的角色。

　　請參考附錄一，所示為生產導針型電池的製造程序和相關設備，電池製造程序依電池材料和封裝型態而有所不同，自動化生產的比例越高，越有利於生產品質的穩定和良率之提升。

5 章

鈦酸鋰電池介紹

　　鈦酸鋰電池屬於鋰離子電池系列的一種，不同在於負極材料是採用鈦酸鋰，而不是鋰三元或磷酸鐵鋰電池所使用的石墨，正極材料則搭配鈷酸鋰或鋰三元形成 2.4V 平台電壓，鈦酸鋰經常以 5 串聯方式組成 12V 單元，可與鉛酸電池體系的電壓相容。鈦酸鋰也可搭配磷酸鐵鋰形成 1.9V 的平台電壓，然而額定電壓與常用規範難以相容，且能量密度偏低。

　　由於鈦酸鋰材料的三維尖晶石結構（spinel）及其特性，在鋰離子電池系列中，鈦酸鋰電池具有**最佳安全性、10C 倍率充電與放電、1C 充放壽命長達 3,000 回、低自放電率 10% ／年、0 伏特可儲存一年、95% 有效使用電量、適合零下 30℃ 低溫工作環境**等優點，因而享有**電池界法拉利**之稱。以鈷酸鋰為正極材料，鈦酸鋰電池的化學反應式如下，左邊為未充電狀態，右邊的鈦酸鋰則為已充飽電。

$$Li_4Ti_5O_{12} + 6LiCoO_2 \longleftrightarrow Li_7Ti_5O_{12} + 6Li_{0.5}CoO_2$$

5-1 尖晶石結構說明

1) 尖晶石 spinel 由面心立方體 FCC 的兩種孔位晶格單元組成：T 是**四面體型單元**（Tetrahedral sites）O 是**八面體型單元**（Octahedral sites）。

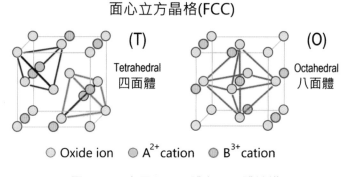

圖5-1.1　尖晶石四面體與八面體結構

　　請參考圖 5-1.1，尖晶石是由兩種**面心立方體**單元組合而成，**T 型單元**內的 8 個**四面體孔位**（tetrahedral sites）有 2 個被占據，**O 型單元**則是位於晶格中央的**八面體孔位**（octahedral sites）被占用。

　　T 型單元裡綠色 A 離子在晶格中具有完整 2 顆；橘色 B 離子 6 個占據晶格線上，每個在晶格內體積為 1/4 顆，合計貢獻 **6/4** 顆的體積；位在角落的藍色離子貢獻 1/8 顆體積，共有 8 個合計體積為 1 顆，在 6 個面上的藍色離子每個貢獻 1/2 顆體積，占據面上的體積合計有 3 顆，總計藍色離子在晶格內共占有 4 顆的體積。**O 型單元**中沒有綠色 A 離子；橘色 B 離子占據 6 條晶格線上有 6/4 顆的體積，加上中心完整的 1 顆合計為 **10/4** 顆；藍色 O 離子同 T 型單元一樣占有 4 顆的體積。

　　兩種晶格以 1：1 比例搭配，每組 T+O 型晶格單元中可得出三種離子的總數量為：A 離子 **2** 顆、B 離子 **4** 顆、O 離子 **8** 顆，形成 $A_1B_2O_4$ 之配比型態如圖 5-1.2 所示，正極材料錳酸鋰 $LiMn_2O_4$ 即屬於這種尖晶石結構。

將T, O兩種晶格組合成一基本AB_2O_4單元，以晶格內所占體積計算，A離子有**2**顆、B離子有**4**顆、O離子有**8**顆。

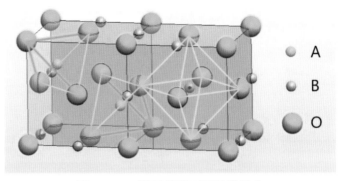

圖5-1.2　T型晶格與O型晶格組合

2)圖 5-1.3 為尖晶石結構的一半組成，由 2 個 T 單元與 2 個 O 單元以對角方式配置，共有 4 個面心立方體所組成。

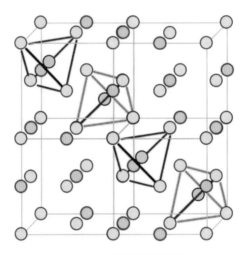

圖5-1.3　半尖晶石結構

3)完整尖晶石結構由上述的 2 組半結構以對角位置配置所組成，包括 4 個 T 單元與 4 個 O 單元，一共有 8 個面心立方體，如圖 5-1.4 所示。

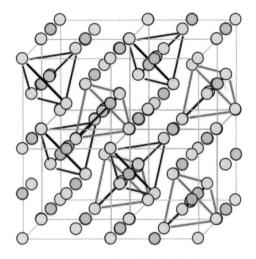

圖5-1.4　完整尖晶石結構

　　請參考圖 5-1.5，將尖晶石結構旋轉可見到**藍色離子**形成三維的**層狀結構**，橘色和綠色離子夾在藍色離子層之間，**橘色離子**也形成層狀平面，留下的空位則是可供綠色離子嵌入的位置，填滿後即可形成綠色離子層狀平面。

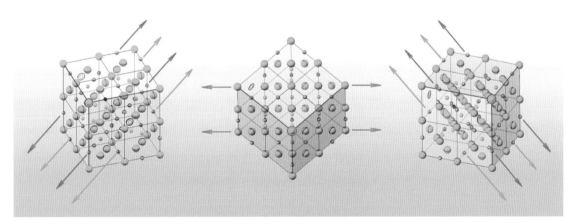

圖5-1.5　尖晶石層狀結構

鈦酸鋰材料鋰離子嵌入路徑

尖晶石結構由 4 個 T 型單元與 4 個 O 型單元兩兩相鄰組成，一共有 A 離子 8 顆、B 離子 16 顆、O 離子 32 顆，形成 $A_1B_2O_4$ 之配比結構。而鈦酸鋰材料是 $Li_4Ti_5O_{12}$，雖然在離子數量上 Li 多占用了 Ti 一個位置，不過依舊維持一樣的晶格結構，晶格位置占用的數量仍是呈 1：2：4 的比例。

5-2.1 鈦酸鋰晶格結構

請參考圖 5-2.1 的左圖，**T 型晶格單**元中 2 個綠色 A 離子位於四面體孔位，在晶格內呈對角分布，所占據位置標示為 **8a**，晶格內尚有 6 個四面體孔位未被占據，以棕色星形標示空位 **48f**；位於晶格線上有 6 個橘色 B 離子，所占據的位置標示為 **16d**，晶格線上未被 B 離子占據的剩餘空位以及晶格中央的 1 個八面體孔位，以橘色空心環代表 **16c** 的位置；藍色 O 離子形成面心立方結構，占據 8 個角及 6 個面上，所占位置標示為 **32e**。

請參考圖 5-2.1 的右圖，**O 型晶格單**元中四面體的孔位 **8b** 留有 2 個未被占據的空位，如綠色空心環位置所標示，以及另外 6 個未被占據四面體孔位的空位 **48f**，如棕色星形位置；位於晶格線上有 6 個以及 1 個位於中心八面體孔位的橘色 B 離子，標示在 **16d** 位置，晶格線上未被橘色 B 離子占據的剩餘空位，以橘色空心環標示於 **16c** 位置；藍色 O 離子與 T 型晶格單元中的相同，位置標示為 **32e**。

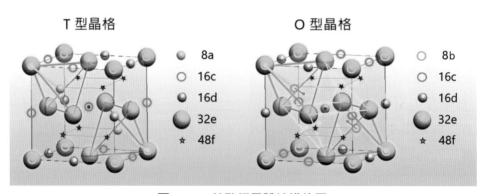

圖5-2.1　鈦酸鋰晶體結構位置

　　這些標示位置的代號意義是，英文編號表示相同離子或屬性占用的位置，前方的數字代表填滿這些同質位置的總離子數。譬如 8a 表示綠色 A 離子所占的位置，在尖晶石晶胞中，則含有 8 個 A 離子，依此類推。

　　鈦酸鋰材料 $Li_4Ti_5O_{12}$ 屬尖晶石結構，其中 A 是鋰離子（Li^+）、B 是鈦離子（Ti^{4+}）、O 是氧離子（O^{2-}），而 Li^+ 多占據 1/6 個 B 離子位置，晶格結構表示為：$[Li_3]_{8a}$ [　]$_{16c}$ $[LiTi_5]_{16d}$ $[O_{12}]_{32e}$，在被占據晶格位置的數量各有 3, 6, 12 顆，仍維持 $A_1B_2O_4$ 型態 1：2：4 的配比。

5-2.2 鋰離子嵌入路徑

　　請參考圖 5-2.2，當鈦酸鋰充電時，原來占據 8a 位置的鋰可遷移到相連的三個 16c 位置如紅色與黃色星星標示位置，以及朝向另一個 8a 方向，在晶格中心的 16c 位置傳遞，如黑色星星位置。在 16d 的位置，Li^+ 則占有其中的 1/6。

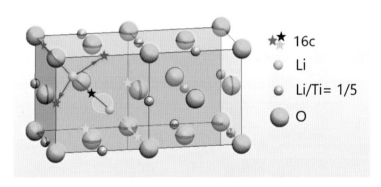

圖5-2.2　鋰離子嵌入路徑

　　如圖 5-2.3 所示，尖晶石結構中包含四個 T 型晶格，充電時來自外部嵌入的鋰可沿 8a → 16c → 8a 傳遞，如 T 型 1 中**右下方** 8a 位置的鋰，在晶格線上有三個相連的 16c 位置，標示如橘色空心圓圈位置，由此可傳送到**右下方** T 型 2 晶格中**左上方**的 8a、**右後方** T 型 3 晶格中**左上方**的 8a、**左下方** T 型 4（被遮蔽）晶格中**左上方**的 8a，任意三個鄰接 T 型晶格中的 8a 位置。

　　另外 T 型 1 晶格**右下方** 8a 的鋰，也可經由晶格中心 16c 位置，再傳遞到同晶格內**左上方**的 8a 位置。

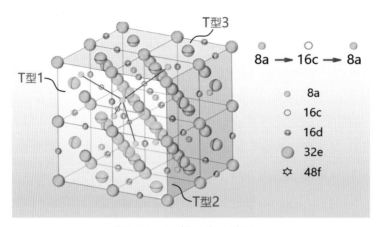

圖5-2.3　鋰離子嵌入路徑一

如圖 5-2.4 所示，除了 16c 的位置，Li^+ 多占據了 1/6 個 16d 的位置，又 16c 和 16d 位置以四面體 48f 位置相連接，因此也可以沿著 **8a → 16c → 48f →** 16d 來傳遞 Li^+，如 T 型 1 晶格右前方垂直線上的 16d 位置，可以由 T 型 1 晶格左上方 8a 位置的鋰遷移到晶格中心的 16c 後，再傳遞到同晶格中右上方 48f 的位置（tetrahedral hole），最終傳到 16d 位置。也可從 T 型 2 晶格左上方 8a 位置的鋰遷移到晶格線上的 16c 後，再傳遞到 T 型 1 晶格中右下方 48f 的位置（tetrahedral hole），最終傳到 16d 位置。類似的，T 型 1 前下方的 T 型 4（未顯示）和 T 型 2 前上方的 T 型 3（未顯示）中左上方 8a 位置的鋰，也可循各自不同 的路徑輾轉傳遞到 16d 的位置。

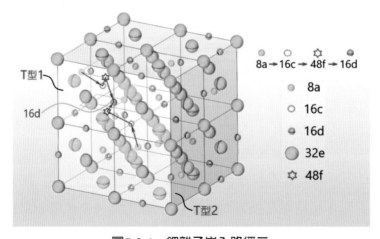

圖5-2.4　鋰離子嵌入路徑二

　　尖晶石四通八達的三維遷移路徑，使得鈦酸鋰材料具有極高的離子電導率，有利於鋰離子的快速嵌入與脫嵌。充滿電時所有的鋰都會遷移到 16c 位置並予填滿，8a 位置變為空位，每一個鋰離子嵌入將使得一個 Ti^{4+} 還原成 Ti^{3+}，原有尖晶石結構的 $Li_4Ti_5O_{12}$ 則變成岩鹽相結構 $Li_7Ti_5O_{12}$，理論比容量為175mAh/g，晶格結構變化如下：

$$[Li_3]_{8a}\ [\ \ ]_{16c}\ [LiTi_5]_{16d}\ [O_{12}]_{32e} \longleftrightarrow [\ \ ]_{8a}\ [Li_6]_{16c}\ [LiTi_5]_{16d}\ [O_{12}]_{32e}$$

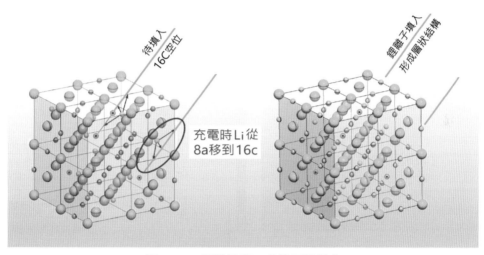

圖5-2.5　鋰離子嵌入前後晶格變化

　　將尖晶石結構的 $Li_4Ti_5O_{12}$ 充電還原，鋰離子填滿 16c，而 8a 變為空位後，成為岩鹽相結構的 $Li_7Ti_5O_{12}$，若繼續嵌入 2 顆鋰離子將 8a 空位填滿，使得全部的 Ti^{4+} 還原成 Ti^{3+}，$Li_7Ti_5O_{12}$ 轉變為 $Li_9Ti_5O_{12}$，理論容量可進一步提高到 293mAh/g，晶格結構變化如下：

$$[\ \ ]_{8a}\ [Li_6]_{16c}\ [LiTi_5]_{16d}\ [O_{12}]_{32e} \longleftrightarrow [Li_2]_{8a}\ [Li_6]_{16c}\ [LiTi_5]_{16d}\ [O_{12}]_{32e}$$

　　深度嵌鋰雖然能使鈦酸鋰在低倍率情況下增加容量，但是在 10C 倍率以上的充放容量反而減少，且循環性能明顯下降。再者隨著嵌鋰深度的增加，不僅鋰離子占滿了 16c 位置，8a 空位也逐漸被填滿，導致鋰離子擴散通道受阻，另外在低電位區間工作開始形成固態電解質膜，都會造成電池內阻的增加。深度嵌鋰以增加鈦酸鋰容量，仍有許多研究工作有待投入。

鈦酸鋰電池特性說明

鈦酸鋰負極材料由於尖晶石結構的特性，相較其它鋰離子電池在**安全性**、**循環壽命**、**充放電倍率**、**有效使用電量**、**低溫工作環境**、**低電壓儲存**等具有完全優勢，雖然在常溫的能量密度較低但功率密度較高。

5-3.1 高安全性：不會產生內部短路並可承受1.5倍過充電壓

石墨系鋰離子電池由於負極石墨相對於鋰離子還原成元素鋰的電位平台約為0.1V～0.2V，以致在四種情況下容易產生內部短路，包括**電池過充**、**維持高荷電量狀態**、**大電流充電**、**低溫環境下使用**。

石墨負極嵌鋰電位平台相對鋰離子還原電位差0.2V，容易產生鋰金屬結晶。相對的，鈦酸鋰負極嵌鋰電位平台相對鋰離子還原電位差為1.55V，不會產生鋰金屬沉積。

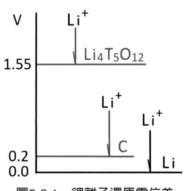

圖5-3.1　鋰離子還原電位差

鋰三元（鈷酸鋰、鎳酸鋰、錳酸鋰或摻鋁）和磷酸鐵鋰電池的負極材料都是石墨，鈦酸鋰電池則是以鈦酸鋰材料取代石墨，鈦酸鋰負極相對電位平台與鋰離子析鋰電位仍有 1.55V 的差距，不會造成鋰金屬析出，所以沒有電池內部短路的問題。更且，鈦酸鋰電池即使因外部異物造成內部短路，也不會產生連鎖反應而引燃。（圖5-3.1、圖 5-3.2）

圖5-3.2　鈦酸鋰電池破壞性短路測試

鈦酸鋰電池即使在發生內短路時，譬如以鋼釘刺穿電池，原有富含鋰的$Li_7Ti_5O_{12}$將會釋放出鋰離子和電子使正極材料還原，而負極材料則變成$Li_4Ti_5O_{12}$，並不會進一步產生連鎖反應，這正是鈦酸鋰電池安全的根本原因。

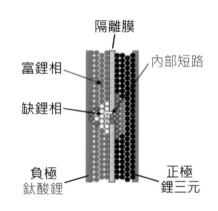

圖5-3.3　鈦酸鋰電池內部短路反應

　　經由實測驗證，鈦酸鋰電池在 1CA 電流下施予過度充電，仍可耐受達 4.3V（1.5 倍充飽電壓），依然維持不燃燒不爆炸的優異安全性。鈦酸鋰電池不會產生內部短路，更可耐受 **1.5 倍過充電壓**，使得鈦酸鋰電池免於電氣特性的內短疑慮，是現今安全等級最高的電池。

5-3.2 使用壽命長：1CA充放電循環3,000回以上

　　負極鈦酸鋰材料是三維的尖晶石結構，強力的化學鍵使得晶格結構穩固，在氧化

還原反應時幾乎不會產生晶格體積的變化，這種「零應變」現象，能夠避免充放電過程中由於鋰離子的增減而導致晶格結構變化，從而提高電極的性能和減少電池比容量的大幅度衰退，延長了電池的使用壽命。在以 1CA 的電流進行充放電，鋰鈦電池循環壽命可達到 **3000** 回以上。

以8CA電流進行充電與放電情況下，鈦酸鋰電池循環壽命可達到500回工業標準。

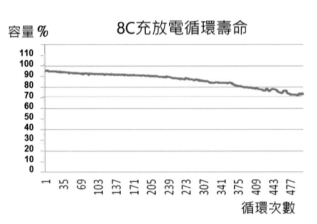

圖5-3.4　鈦酸鋰電池8C充放電循環壽命

5-3.3 快速充電：十分鐘快速充飽電

鈦酸鋰材料為尖晶石結構，提供鋰離子在立體空間三個維度的快速嵌入和脫嵌，可達到 10CA 的大電流充電和放電，鈦基材料快速充電的特性解決了現今鋰離子電池充電緩慢的問題。

鈦酸鋰電池自1CA起到10CA的大倍率電流充電，電壓與容量實測紀錄。由於受到充飽電壓的限制，施予越大的充電電流，就越早進入定電壓充電。

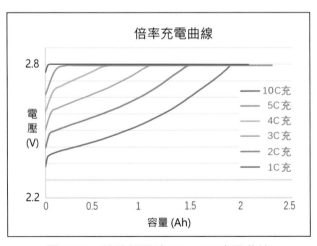

圖5-3.5　鈦酸鋰電池1C～10C充電曲線

為提高電池充放電的 C rate，可降低**鈦酸鋰材料的壓實密度、減少塗層厚度、使用小顆粒材料以增加比表面積、並添加導電劑**來促進反應速率，相對代價就是**電池容量會變少**。

5-3.4 高有效電量：95% SOC超高有效使用電量

一般鋰離子電池為了安全和使用壽命考量，在電池模組的充放電控制上傾向縮窄使用電壓範圍，一方面降低充飽電壓，不讓電池完全充飽，另一方面將低電壓保護的截止電壓拉高，以防止電池過放，因而造成電池模組真正可用的有效使用電量大幅減少。鋰三元電池在應用上大多已限制 SOC 在 90% 以下；鋰鐵電池由於一致性不佳和自放電率偏高，造成實際有效使用電量往往低於 85%。由於鋰鈦電池在安全和使用壽命的優勢，因此不需窄縮電池既有的工作電壓範圍，實際有效使用電量高達 95%。

5-3.5 低溫使用：-30℃低溫環境下可以1C倍率充放電

鈦酸鋰材料尖晶石結構特有三維鋰離子擴散通道，使得鈦酸鋰在低溫性能上也表現優異。實測結果，可在 -30℃ 環境下以 1C 倍率放電，釋放出 55% 的電容量，以 0.5C 倍率放電，則可釋放出 80% 的電容量。

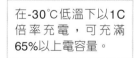

在-30℃低溫下以1C倍率充電，可充滿65%以上電容量。

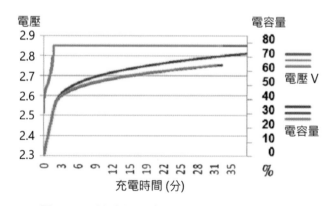

圖5-3.6　鈦酸鋰電池-30℃低溫下1C充電曲線

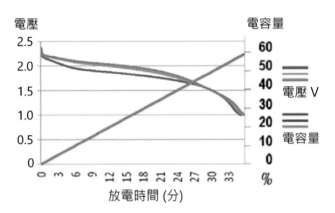

在-30℃低溫下以1C倍率放電，可輸出55%以上電容量。

圖5-3.7　鈦酸鋰電池-30℃低溫下1C放電曲線

5-3.6 零伏特儲存電壓：以0V電壓存放一年仍可回充使用

　　鈦酸鋰電池的正極材料是鋰三元系列，負極材料則是以鈦酸鋰取代石墨，如此，由於正負極片都具有金屬成分，隔離的兩片金屬薄板即形成了電容結構，因而造就鈦酸鋰電池同時具有化學電池和物理電容兩者的物性，由於具有電容特性，鈦酸鋰電池即使在電量將近用完時，仍會保有一定的電壓，因而維持電池的化學反應活性，使得鈦酸鋰電池在放電至 0V 後，經過一年的存放，仍可持續回充使用。（圖5-3.8）

鋰離子電池電量過低時將喪失充電的活性；鈦酸鋰電池由於正負極材料均含有金屬，因此具有電容效應，得以在低電量時仍可維持電池的化學反應活性。

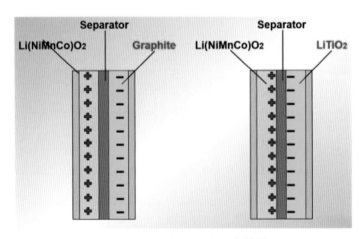

圖5-3.8　鈦酸鋰電池電容特性

5-3.7 鈦酸鋰電池脹氣對策

　　鈦酸鋰電池由於 $Li_4Ti_5O_{12}$ 會與電解質有機溶劑反應，加上材料顆粒細小容易吸水，因而產出 H_2、CO_2、CO、烷烴類等氣體，其中以 H_2 為主要成分，所造成的氣脹現象將會縮短電池的使用壽命。抑制 $Li_4Ti_5O_{12}$ 氣脹需仰賴多方面的控制與改善，首先需從**製程中去除水分**，以減少產氣的來源；並可對鈦酸鋰實施**碳包覆**，避免材料表面與電解液直接接觸；或者使用**低黏度碳酸二甲酯**（Dimethyl Carbonate, DMC）取代碳酸二乙酯（Diethyl Carbonate, DEC），以降低溶劑的脫氫反應；另外，少量添加**聚苯乙烯微球**（Polystyrene Divinyl Benzene Beads, PST）和二草酸硼酸鋰（Lithium bis(oxalato) borate, LiBOB）都有**抑制脹氣效果**；同時儘量去除電解質鋰鹽六氟磷酸鋰（$LiPF_6$）的雜質並增加濃度，對改善脹氣也有幫助。

鈦酸鋰電池安全測試

鈦酸鋰電池具有優越之物理破壞和電氣安全特性,不論是針刺、敲擊、切割都不會有燃燒或爆炸危險,在電氣特性上,更可在 1CA 電流下承受 1.5 倍的充飽過電壓,各項破壞實測影片如下:

1) 電池針刺測試:https://www.youtube.com/watch?v=X1X_9NW58Yc

2) 電池敲擊測試:https://www.youtube.com/watch?v=fLcMpZFmOb4

3) 電池切割測試:https://www.youtube.com/watch?v=t-ssKGD9StE

4) 電池組安規測試:https://www.youtube.com/watch?v=Zsfvs-OebfA

針刺(nail through)　　　敲擊(crush impact)　　　切割(cutting)

圖5-4.1　鈦酸鋰電池破壞性短路測試

圖5-4.2　鈦酸鋰電池組針刺短路測試(CNS-62619)

　　請參考圖 5-4.2，鈦酸鋰電池組於 CNS-62619 的測試情況，鈦酸鋰電池不會因鋰金屬沉積而造成內部短路，且即使在鋼針刺穿的短路情況下也不會起火燃燒，代表鈦酸鋰電池正負極短路所釋放的熱能，並不會造成熱失控的連鎖反應。

鈦酸鋰電池容量密度

　　全球生產鋰離子電池的廠商眾多，絕大部分以鋰三元和磷酸鐵鋰為主，其中具鈦酸鋰電池量產能力者寥寥可數，鈦酸鋰電池號稱電池界的法拉利，在**安全性、充放電倍率、使用壽命、低溫環境**等性能，遠勝一般鋰離子，唯獨在電池能量密度不如其它鋰離子電池，因此如何提高能量密度是鈦酸鋰電池的研發重點。

　　請參考比較表 5-5.1，第一代鈦酸鋰電池重量能量密度僅有 60Wh/Kg，體積能量密度少於 160Wh/L，由於相對成本過高，不具明顯市場價值；第二代技術重量能量密度約為 80Wh/Kg，雖然不盡人意，但在各項特性的發揮下，已開始滲透特定利基市場；第三代技術**重量能量密度達** 100Wh/Kg，**體積能量密度** 210Wh/L，在衡量長期使用壽命的總體成本、燃燒風險與高倍率充放電優勢，鈦酸鋰電池已具有爭逐市場的競爭力。

表5-5.1　鈦酸鋰電池第三代能量密度

LTO	Gen-I	Gen-II		Gen-III		Gen-IV
廠商	國內單位	國內廠商	中國廠商	日本廠商	恆科	研發中
電池型式	圓柱 18650	矩形(軟包) 177253	圓柱 33140	矩形(鋁殼) 116106	圓柱 24680	圓柱 24750
電池尺寸 mm	Φ18*65	177*253*13H	Φ33*140	116*106*22H	Φ24*68	Φ24*75
單體容量 mAh	1050	25000	9000	23000	2650	3200
單體重量 gram	38	850	270	550	63	70
能量密度 Wh/Kg	66	71	77	100	101	110
單體容積 mL	16.5	582.2	119.7	270.5	29.7	32.8
能量密度 Wh/L	152	103	173	204	214	234

各類鋰離子電池比較

　　綜觀當今各種充電電池，**鎳鎘**電池已近消失、**鎳氫**電池侷限於日常用品、**鉛酸**電池則是每況愈下，曾經盛傳一時的**奈米碳管**、**石墨烯**、**鋰硫**電池等無疾而終，**鋁離子**和**固態**電池仍膠著在量產製程控制問題上，**鈉離子**和**鎂離子**電池尚難探知實際效用，**氫燃料**電池技術雖已成熟逾十餘年，然而低轉換效率和高總體成本，商轉的代價依舊令人卻步，目前市場上應用成熟的主流電池為**鋰三元**和**磷酸鐵鋰**，後方則有逐漸興起的**鈦酸鋰**電池追趕，本節將針對這三大類鋰離子電池的優缺點進行比較。

5-6.1 鋰離子電池優缺點

1) 鋰三元電池

　　鋰三元電池原本用於筆電和手機，能量密度高、價格低廉，適合**低消耗功率產品**使用，不過輸出功率相對偏低、使用壽命較短、電池自燃風險最高。鋰三元電池挾其經濟規模，以低廉價格進入新產業，然而鋰三元電池並不適用於中大型電池設備，近年電動車和儲能系統火災頻傳，鋰三元電池的安全性已引起各國政府和市場的疑慮。

2) 磷酸鐵鋰電池

　　磷酸鐵鋰電池能量密度相對較低但價格低廉，一般認為在**安全性**和 **充放功率**上優於鋰三元電池，尤其是正極材料的分解溫度較鋰三元材料高，然而實際應用上功效卻不如預期，因為與鋰三元電池同樣使用石墨當負極，引發**自燃比例偏高**，電池組的**充放電功率**及**循環次數**也遠低於單電芯的表現，主要起因於電池內阻、容量、自放電率等性能**一致性**不佳，多顆電池串並後的電池組，往往需要減少工作電流 C rate 並降低充飽電壓。另外鋰鐵電池在材料製程中由於複雜的多相反應，部分材料會被過度還原成單質鐵，因而產生電池內部的微短路，以致**自放電率過高**容易造成電池電壓過低而失效。

3) 鈦酸鋰電池

鈦酸鋰電池具有**最佳安全性、最高充放電 C rate、最長循環壽命、0V 儲存、最佳有效使用電量、適合低溫環境**等優點，特別是在高緯度的寒帶地區，當環境溫度低於 5℃，鈦酸鋰電池的能量密度將反超鋰三元和磷酸鐵鋰電池。鈦酸鋰電池最主要缺點是在常溫下**能量密度偏低**，導致在相等電量需求下**價格偏高並會占據較大空間**，因此不適合高續航行程的電動車。雖然能量密度約為動力型鋰三元電池的 60%，但是由於鋰三元電池有效使用電量僅為額定容量的 80%，在實際應用效度上，鈦酸鋰電池能量密度可達動力型鋰三元電池的 75%。

5-6.2 動力型鋰離子電池比較

充電電池依輸出功率等級可分為**能量（容量）型、通用型、動力（功率）型、啟動型**，各有擅長。容量型電池較適用於低功耗的電子產品，在使用壽命和安全性上都較差；而提供瞬間大功率的啟動型電池由於放電深度不佳，不適合做長時間輸出的應用。基於聚集型態電池系統的整體需求，以下僅針對動力型電池進行比較。

中大型電池系統並無明確的定義，電壓約略是在 100 伏特以上，或總電量大於 20KWh 的電池組合。中大型電池系統，需要在輸出功率、充電速度、使用時間、使用壽命、安全性等各方面都要能達到一定水準，而動力型電池比較能滿足上述的總體要求，由於各種材料特性並非單一規格，表現參數也各有高低，為此只得大致設定在提供 1C rate 功率的基礎上，取一平均參數作為代表，藉以比較三類鋰離子電池的各項特性，歸納整理如下列雷達圖 5-6.1 所示。

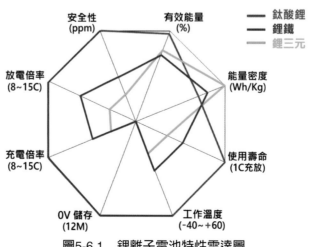

圖5-6.1　鋰離子電池特性雷達圖

1) 能量密度

純就電池單位容量而言，鋰三元電池能量密度最高，磷酸鐵鋰次之，鈦酸鋰大約只有動力型鋰三元的 60%。

2) 有效能量

電池能量密度高不代表可以完全利用，特別是由多顆電芯串並聯組成電池組之後，在**安全性**、**工作電流**、**使用壽命**種種因素限制下，鈦酸鋰電池的有效使用能量率達 95%，磷酸鐵鋰和鋰三元則不宜超過 85～90%。

3) 安全性

石墨負極是引發電池燃燒的主要所在，鈦酸鋰電池不使用石墨作負極，安全性最佳，鋰三元在中大型電池系統危險性過高，磷酸鐵鋰因能量密度較低，似乎較鋰三元略爲好些，但仍待足夠的統計數據加以驗證。

4) 放電倍率

鈦酸鋰電池是天生的功率型電池，輸出功率在三種鋰離子電池中最大，磷酸鐵鋰次之，鋰三元最後。當然，鋰三元也有短期性的超大功率型電池，但卻是犧牲使用壽命爲代價，並無法達到 500 回的工業標準。

5) 充電倍率

鈦酸鋰電池普遍能達到 8C 以上的高倍率充電，磷酸鐵鋰次之，鋰三元最弱。磷酸鐵鋰和鋰三元在放電與充電的反應機制類似，放電時是正極材料在接收鋰離子進行還原，充電時是負極石墨在接收鋰離子進行還原，以石墨爲負極的鋰離子電池都應避免超過 1C 的充電電流，以免電池壽命急速減少，甚至引發燃燒危險，其原理將在下一章闡述。

6) 零伏特儲存

鋰三元和磷酸鐵鋰電池都必須保持一定電壓以上，否則會造成電池失效，鈦酸鋰由於具有電容效應，即使電壓接近零伏特仍可回充使用。

7) 工作溫度

鈦酸鋰電池在 -40℃ 環境仍可以 0.5C 倍率充放電，磷酸鐵鋰電池在 -20℃ 環境下可輸出，但不可充電，鋰三元電池在零下溫度幾乎無法使用。

8) 使用壽命

尖晶石結構的鈦酸鋰電池具有零應變體積膨脹率，平均使用壽命是其它鋰離子電池的三倍以上，負極石墨充電後的體積膨脹率達 7%，加以 SEI 增生的影響，是造成磷酸鐵鋰和鋰三元電池短效的原因之一。

電池材料雖然不斷推陳出新，但在各種特性層面上都需要達到一**致性**及**穩定度**的要求，而且每項特性皆有連動影響，改善了其中一項特性，往往會犧牲其它項目為代價，例如**調整電池材料和結構**使放電能力由 **1C** 提升為 **2C**，在相同負載下，充電倍率、壽命、安全性也會改善，但是**能量密度就會減少**。（圖 5-6.2）

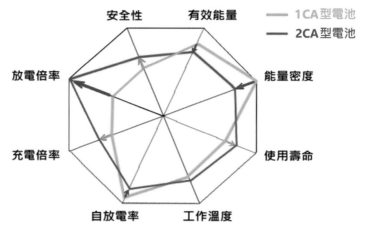

圖5-6.2 鋰離子電池特性連動圖

6章 鋰離子電池信賴度

　　電池依失去效能的損壞程度大致可劃分為老化（aging）、異常／失能（failure）、熱失控（thermal runaway）三大類，**老化**是指**長期使用**或**儲存**所導致的**機能衰弱**。**異常／失能**則是指外部因素或內部變異所造成的**機能喪失**，許多相同的失效症狀有些是來自於老化作用，也可能是異常變因所引發。**熱失控**則是老化或異常的內外部交互作用所引發的危害，輕則發熱冒煙、重則燃燒爆炸。

電池失效模式

　　鋰離子電池在**老化**和**異常**的**失效徵狀**呈現在許多外顯機能上，包括：電容量減少、電壓異常、使用壽命縮短、輸出功率下降、自放電率增加、異常溫升、低溫效能變差、脹氣、漏液等。

　　失效的機制則源自電池內部的 **SEI 膜**增生與剝離、活性物質劣化與損耗、負極石墨材料膨脹與剝離、正極材料晶格破壞、鋰離子沉積、電解液解離、隔離膜變質與孔隙阻塞、添加劑與黏結劑分解、電極片腐蝕與斷裂等。

　　促使**失效的肇因**可說是電池材料的內在特性在外部使用條件下，包括：工作電壓、電流、環境溫度、濕度、壓力等共同作用的結果。對於產生高溫失效部分則屬**熱失控**問題，因事關安全將另闢一節討論。

　　電池的失效不僅與製作品質息息相關，外部因素包括 BMS **失控**與**濫用**問題也是常見原因。在**製造**方面，電池材料的成分、純度、配比、溫濕度、控制誤差、活化、分容、靜置、篩檢等，稍有錯誤都可能製造出不良品。在**使用**方面，電池管理系統不佳，無法彌平電芯不一致性的累積，造成電池過充、過放、過電流、散熱不足等，或是在高溫工作、低溫充電、短路、擠壓、落下、撞擊等，都會導致電池異常。由於製作工藝和外部因素應由生產面與管理面著手，不在本書討論範圍，有關**電池管理系統**則將獨立成一章探討，本節所討論的電池失效將聚焦於長期使用下所導致的老化問題。

　　造成電池老化的因素眾多，而且與失效症狀形成多對多的關聯性，一種機能失效往往是眾多因素的共同結果，一個老化因素則會直接或間接衍生各種失效症狀。老化因素概分為充放電所造成的**循環老化**（cyclical aging），以及隨著**存放時間**、**儲存電壓**及**環境溫度**等因素自然發生的**歲月老化**（calendar aging），兩者都包含了外部施加和內部反應兩種因素。整理鋰離子電池在老化的外顯徵兆、電池內部作用機制、及造成老化動因的對應關係，如下圖 6-1.1 所示。

老化現象　　　　　　　　　　　老化機制　　　　　　　　　　　老化肇因

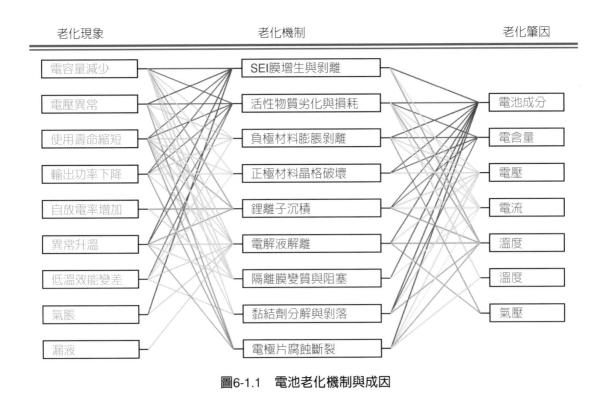

圖6-1.1　電池老化機制與成因

6-1.1 電池老化現象

　　電池老化最明顯的現象就是電池**使用時間減少**，造成的機制來自於：**活性材料的變質損耗、電解液的解離、SEI 膜的增生、正負極片結構的劣化、鋰離子沉積、黏結劑分解**等，這些都會消耗鋰離子導致含量下降，可用的鋰離子數量減少，電池容量自然隨之變少，當然充飽電的時間也就變快了。另外，**電池容量驟減**，可能是石墨週圍 SEI 膜增生阻塞石墨間孔隙，使得內阻和過電位增大，造成電容量的減損，再者電池漏液也會使得電容量快速流失。

　　待機時間縮短大多是電池**內部微短路**造成自放電率變大所導致，這類電池可使用的電容量未必有減少，而是無法維持所充入的電量，以致電量隨著放置的時間而逐漸流失。造成內部微短路的原因各有不同，有的是正極片與負極片的**毛邊接觸**、有的是**鋰金屬長晶**刺穿隔離膜、或者是**隔離膜氧化破損**、有些則是受到**外力擠壓**造成正負極片短路（異常）。使用時間減少和待機時間縮短經常伴隨發生，畢竟自放電率變差等同電容量隨著時間而減少。

電池發燙是另一種常見的老化徵兆，主要來自於 SEI 膜的增生以及活性材料變質、電解液逸失、集電片氧化等導致的電池內阻增加，工作電流因內阻變大而產生熱能，熱能惡性循環下又促使老化加速，高溫可說是電池壽命的第一天敵。

電池喪失電壓猶如人體失去血壓，除了鈦酸鋰電池在 0V 以上仍可使用之外，鋰三元和磷酸鐵鋰在一特定低電壓值以下就會無法使用，造成失去電壓的機制十分多元，包括活性材料變質、負極材料因過充而膨脹、負極材料因過放而結構塌陷、SEI 膜增生、電解液的分解或逸失、集電片以及連接片的接觸點剝離、甚至正負極的短路造成電壓流失。在串聯的電池組中，長期電壓平衡不足累積而成的電壓差，也是造成特定單串電池排過度放電的原因。

圖 6-1.2 為一並聯的電池組，圖中電極連接鎳片被熔斷使得電池組失去電壓，原因是鎳片在彎折處因電阻變大成為電流通過的熱點，經過反覆使用後終至熔斷，雖然鎳片的斷面足以承受工作電流，但是一個彎折設計不當卻能造成電池的搭片斷路而失效。

圖 6-1.3 中電極連接鎳片的搭接處剝離，使得電池組失去連接，兩個鎳片以三排點焊連接，乍看應該十分牢固，然而點焊處形成高阻抗所在，一方面因為接點熱量累積而熔斷，同時在電流長期作用下，產生的熱量使得鎳片反覆膨脹收縮最終導致焊點崩離。

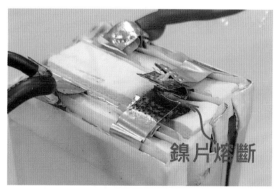

圖6-1.2　鎳片彎折處熔斷

圖6-1.3　鎳片焊點剝離

電池極性反向是在電池組中的單串電池排特有的異常現象，由於內部微短路、自放電率過高、平衡不佳等原因，使得串聯的某一電池排的電壓較其它電池排低，當電池組遭受到深度放電時，雖然正常的電池排還有足夠的電壓，但原本低電量的電池排

已經造成過度放電，負極的鋰離子幾乎都轉移到正極，以致發生負極電位反而高於正極的反極現象。

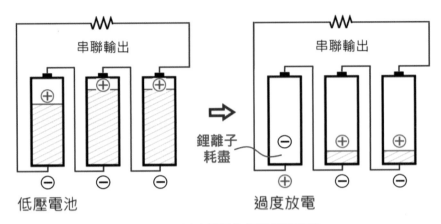

圖6-1.4　電池排正負極性相反現象

輸出功率下降通常發生在功率型產品上，呈現在馬達轉速變慢、輸出乏力、使用時間縮短等，原因就是**電池內阻增加**，在沒有輸出時老化電池的開路電壓與正常電池無異，施加負載時由於內阻所造成的壓差，使得老化電池的**輸出電壓驟降**大於正常電池的極化壓降。

圖 6-1.5 為鋰三元電池 3 串聯組成的電池組，#1 為正常電池，#2 為已老化的電池，在充飽電之後連接相同負載並以 30A 電流輸出，在第 1 秒瞬間老化電池比正常電池的壓降多出 0.49V，第 10 秒後壓降差距一直維持在 0.63V，計算得知老化電池的內阻值較正常電池高出約 0.021 歐姆。另外，由於老化電池工作電壓低於 BMS 預設的低電量保護，僅維持 38 秒輸出就被切斷，電池老化使得輸出功率下降，造成可使用時間明顯縮短。

電池輸出乏力的原因與電容量減少的機制高度重疊，包括：**活性材料的變質損耗、電解液的解離、SEI 膜的增生、正負極片結構的劣化、隔離膜變質與孔隙阻塞、黏結劑分解、電極片腐蝕**等。

電芯	放電時間(Sec) vs 電壓(V)													備註
	0	1	2	3	4	5	6	7	8	9	10	38	60	秒
#1	12.41	11.65	11.57	11.53	11.49	11.45	11.41	11.39	11.35	11.32	11.30		10.91	設定截止
#2	12.37	11.16	11.05	10.97	10.91	10.84	10.83	10.79	10.75	10.71	10.67	10.43		自動截止

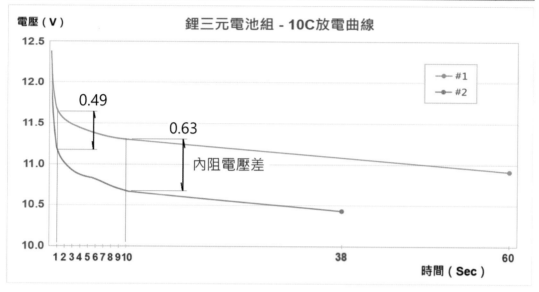

圖6-1.5　老化電池放電電壓下降曲線

　　如圖 6-1.6 所示，接續上述放電測試後將負載移除，量測電池的電壓回復情況，發現老化電池電壓瞬間爬升，連同正常電池都以幾乎相同的軌道回復至十分接近的開路電壓 11.9V。在電池開始輸出之前，#1 電池電壓原本略大於 #2 老化電池 0.04V，由於 #1 電池較 #2 多輸出了 22 秒的能量，停止輸出後 #1 電壓合理的略小於 #2 老化電池 0.04V，合計 #1 電池在放電階段較 #2 多損失了 0.08V，再加上負載移除瞬間的電壓差距 0.48V，由此可得到老化電池的內阻增加，造成兩者有 0.56V 的過電位差距，合併考量新舊電池放電時階躍與弛豫的數據，兩相驗證，可推估老化電池組較正常電池組多出 0.56V～0.63V 的過電位。

電芯	放電截止後時間(Sec) vs 回復電壓(V)												備註
	0	1	2	3	4	5	6	7	8	9	10	60	秒
#1	10.91	11.36	11.48	11.50	11.55	11.58	11.61	11.62	11.65	11.67	11.68	11.90	V
#2	10.43	11.32	11.38	11.46	11.51	11.55	11.59	11.60	11.62	11.64	11.66	11.94	V

圖6-1.6　老化電池停止放電電壓回升曲線

由上述資料可得出結論，由於老化電池的輸出**電壓驟降值**大於正常電池，利用此一特徵，只需**量測放電的電壓差距**與新電池比對，即可快速偵測電池老化的相對程度，且電流倍率越高差距越明顯。

對於串聯的電池組，**電池輸出乏力和電容量減少**都會使電芯的不平衡程度惡化，老化的電池在充電時因電壓虛浮現象會較快上升到充飽電壓，反而會提前進入平衡消耗，因此充電截止時充入的電量相對較少；可是當串聯輸出時各串電池的輸出電量是一樣的，造成老化電池的電壓又會低於正常的電池，反覆充放循環差距累積之下，老化的電池有可能產生過充高電壓，或是過放低電壓而失效。

鋁箔軟包幾乎都避免不了脹氣問題，導因於**電解液的解離**而釋放出氣體，電解液會解離則是在所承受的電壓和溫度條件下，與活性材料發生反應，另外 **SEI 膜的增生**也會促使電解液的變質。脹氣雖然造成電解液和活性物質的喪失，但是本身並不會產生燃燒，不過由於氣體中含有可燃成分，一旦有其他因素引發短路，壓縮的氣體會助長燃燒和爆炸。金屬封裝表面上看不出電池膨脹現象，實際上只是將氣體壓制在密封罐內，因此金屬封裝必須設有洩氣閥，以便在達到氣爆臨界點前提早洩壓。

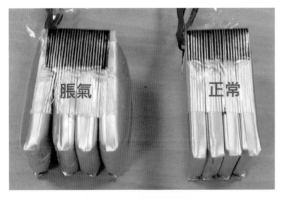

圖6-1.7　電池脹氣

圖6-1.8　電池漏液

<u>漏液</u>問題一般是封裝材質受到**電解液腐蝕**、**集電片封口氧化**或者遭受**外力破壞**所造成，通常發生在密封接縫的位置，鋁箔軟包尤其容易因為封口強度不足而漏液。電解液具有腐蝕性，也是電池短路熱失控時的燃料，不過漏液並不是促使電池燃燒的肇因。

6-1.2 電池老化機制

充放電的氧化還原反應是<u>循環老化</u>（cyclical aging）的驅動因子，更精確的說，電化動力學就是反應物**濃度**、**溫度**、**電壓**下的交互作用，電池內所有的材料都受到這三個因素的驅使，而化學反應的副作用則促使所有材料持續劣化，如圖 6-1.9 所示，包括：**電解液解離**、**SEI 膜增生與剝離**、**活性物質劣化與損耗**、**負極石墨材料因體積膨脹而剝離**、**正極材料晶格破壞坍塌**、**鋰離子沉積**、**隔離膜變質與孔隙阻塞**、**黏結劑與添加劑分解損耗**、**電極片腐蝕斷裂**等。

上述因素中凡是減少鋰離子含量的，即會**降低電容量**，尤其是電解液解離和 SEI 膜增生；凡是妨礙離子傳導的，即會**增加內部阻抗**；只要造成正負極微短路的，就會**讓自放電率變高**；只要促使電解液解離的，就會**產生脹氣**，而且每個單一變因往往會引發複合問題。

根據美國 Sandia National Lab 與 Argonne National Lab 一項共同實驗發現，鋰離子電池以 $LiNi_{0.8}Co_{0.2}O_2$/MCMB 為例，阻抗增加率和功率衰退率與存放時間的 1/2 次方成線性關係，而歷史研究文獻則指出 SEI 的反應動力學也與存放時間的 1/2 次方成

正比，也就是說 **SEI 膜**的**增生**與電池**內阻增加率**及電池**輸出功率衰退**有極大關聯性。

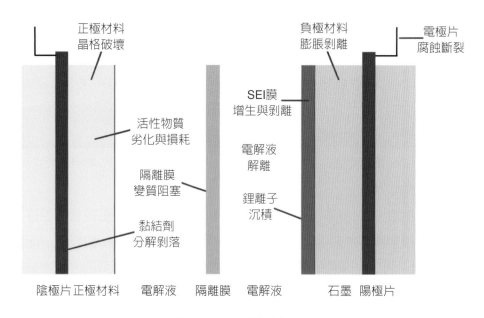

圖6-1.9　電池老化機制

　　電池在儲存時雖然沒有劇烈的氧化還原反應，不過化學平衡是動態的，活性物質和添加劑長期浸泡在電解液中，還是會因為微小反應的累積變質而形成**歲月老化**（calendar aging），就如同生鮮食品即使放在冷凍櫃裡，終會有氧化腐敗的一天。長期儲存導致的老化作用，即使電池很少使用，也無法維持該有的循環使用次數。

6-1.3 電池老化肇因

　　電池內部化學反應是**電池材料和狀態（荷電量）**在工作**電壓、電流**及**環境溫度、濕度、壓力**下共同作用的結果。

　　過度充電是電池失效的第一大殺手，負極材料中輸入超額的鋰離子，不僅造成石墨膨脹而破壞層狀結構，伴隨的高電壓將促使電解液的解離並產氣，鋰金屬沉積也會引起短路燃燒問題，基於能量守恆，如果持續輸入過剩的能量，最終電池只能以爆燃的方式來宣洩。

　　石墨負極材料的固態電解質介面膜（SEI）會隨著充放電增生與剝離，充電時則

因鋰離子嵌入造成體積膨脹，而鋰離子沉積更是致命的安全缺失，尤其在<u>高荷電量</u>下，石墨負極中的鋰處於高活性狀態，活性物質將與電解液不斷反應，因而使得活性物質劣化、SEI 膜增生、負極材料剝離、電解液解離、黏結劑分解、甚至鋰離子長晶等，長期處於高電量狀態是電池壽命和安全的巨大威脅。

　　<u>過度放電</u>與過度充電相反，負極材料中的鋰離子失去過多，使得石墨層狀結構塌陷，無法再儲存既有的容量。根據德國 Munster 大學 Johannes Kasnatscheew 的研究，鋰離子電池過度放電會產生石墨電位高於正極電位的現象，並造成負極銅片的溶解，進而還原在正極表面，在下一回充電時，銅又會重新還原在負極石墨上，就有可能發生銅枝晶的短路風險。

　　電池在<u>高電壓區工作</u>，除了伴隨高 SOC 相同的問題，特別容易促使電解液的解離，電解液中的電解質、有機溶劑、添加劑只能承受一定的工作電壓窗口範圍，在高電壓狀態就容易被分解，以致造成電容量減少、阻抗增大、脹氣等問題。

　　<u>工作電流過大</u>會造成 SEI 膜增生與剝離、活性物質劣化與損耗、負極石墨膨脹剝離、鋰離子沉積、隔離膜變質、電極片熔斷等，導致電容量下降、壽命縮短、電池失效、甚至引發安全問題。

　　<u>高溫狀態</u>會直接提升化學反應的速率，使得 SEI 膜增生剝離、活性物質劣化、鋰離子沉積、電解液解離、黏結劑與添加劑分解、電極片腐蝕等不良反應加速惡化。由於化學反應速率與溫度呈正相關，高溫是促使電池老化的主要因素之一。

　　電池製造過程中，空氣濕度是必須嚴格控制的因素，否則容易與活性物質反應。長期處於<u>高濕度狀態</u>下的電池成品，外殼封裝會被逐漸腐蝕，特別是在接縫位置，經常是漏液的缺口。相對於溫度和電氣條件，一般環境下由於氣壓變化不大，因此對電池的影響較不明顯。

　　高溫環境、**高荷電量**、**高倍率工作電流**是破壞電池長期健康的致命三高，加上高**電壓工作區間**和**深度放電**都會加重電池化學反應的激烈程度，是電池失效的五大殺手。電池除了反覆使用會造成**循環老化**（cyclic aging），即使沒有經常使用，也難逃**歲月老化**（calendar aging）的宿命。

　　針對溫度和荷電量 SOC 對電池儲存所導致老化的影響，不少研究都發現**儲存溫度**是影響電池容量衰退的首要因素，如圖 6-1.10 所示，是將電池以不同溫度儲存 12 月以上的影響。已知化學反應隨著溫度上升而加速，雖然未必如 Arrhenius 公式以指數倍率發展，但兩者幾乎呈線性相關。資料顯示當 SOC 超過 50% 左右，歲月老化將

開始急遽惡化，當 SOC 在 60% 以上，由於平衡狀態的化學反應速率已達該溫度反應的上限，因而出現平穩的衰退速度，不再隨著 SOC 增加而加速惡化。

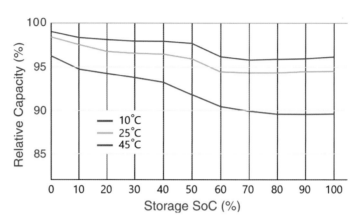

圖6-1.10　荷電量與溫度對電池歲月老化的影響

　　儲存條件對電池容量衰退的影響，暗示電池應該儘量儲存於低溫和低 SOC 狀態，然而長期處於低溫狀態又容易引發鋰沉積的風險，且電池往往需要在飽電狀態以供使用，因此電池使用的實務上，只有最適方案而沒有最佳答案。

　　電池組的失效不能只看電芯的品質，業界試圖藉由各種**電芯（cell）**老化的參數來推估**電池組（pack）健康程度**（state of health, SOH），並作為應用上的參考指標，往往以偏概全。老化和異常都是電池失效的模式，除了老化因素尚有其它原因會造成電池的異常，因此只以電芯老化參數估算電池組堪用的**剩餘壽命**（remaining useful life, RUL），往往忽略電池組發生異常的機率，以致高估電池組的使用壽命。

　　電池材料間的各種化學反應機制十分複雜，外部使用的條件也會有巨大差異，更麻煩的的是電池組失效的演變過程，通常是從最弱的一顆電芯開始，當損壞的單電芯（cell）無法再提供電量，缺少的電力就必須由同一電池排（row）的其它電芯負擔，而過度負載的電池排也無法支撐太久，等到該電池排損壞後，就會造成整個電池模組（module）的失效，這也是為何電池組會突然當機的原因，這種單電芯拖垮電池組的連鎖現象，可稱之為電池組失效的「**老鼠屎理論**」（rotten apple），因此在多重變因交互作用下，很難只以有限的模型來分析電池組的失效，目前有關電池使用的剩餘壽命估算可說仍處在摸索的階段。

電池熱失控

熱失控（thermal runaway）泛指電池起火燃燒的現象，尤其是指電池遭受熱能而引發連鎖反應的過程，輕則冒煙悶燒、重則爆炸成災。熱失控首先要有產生高溫的來源，包括：**吸納過多能量使得化學反應加速**、**正負極短路**而釋放的電能、**外部高溫環境**所提供的熱能，不論是經由那種來源，都會先造成**隔離膜熔解破損**，進而擴大**正負極短路**範圍，終至**引燃電解液**一發不可收拾。

6-2.1 熱失控熱能分析

造成熱失控發生明火爆燃之前，有來自各種反應的熱能參與引發熱失控的機制，請參考圖 6-2.1，總括以下列式子代表。促發電池燃燒的關鍵在於熱量累積的速率，而燃燒的規模與總量則視電池熱含量而定。

$$Q_A = Q_E + Q_{SEI} + Qan + Qca + Q_{RD} - Q_{SP} - Q_{EL} - Q_D \quad （總熱量）$$

$$\bar{Q}_A = \bar{Q}_E + \bar{Q}_{SEI} + \bar{Q}an + \bar{Q}ca + \bar{Q}_{RD} - \bar{Q}_{SP} - \bar{Q}_{EL} - \bar{Q}_D \quad （產熱速率）$$

Q_A, $\bar{Q}_A$：電池內累積的熱量、產熱速率

Q_E, $\bar{Q}_E$：正負極短路電流產生的熱量、產熱速率

Q_{SEI}, $\bar{Q}_{SEI}$：SEI 分解所生熱量、產熱速率

Qan, $\bar{Q}an$：陽極材料與電解液反應的熱量、產熱速率

Qca, $\bar{Q}ca$：陰極材料與電解液反應的熱量、產熱速率

Q_{RD}, $\bar{Q}_{RD}$：正負極接觸時氧化還原的熱量、產熱速率

Q_{SP}, $\bar{Q}_{SP}$：隔離膜熔化所需熱量、吸熱速率

Q_{EL}, $\bar{Q}_{EL}$：電解液分解汽化所需熱量、吸熱速率

Q_D, $\bar{Q}_D$：電池向外佚失的熱量、散熱速率

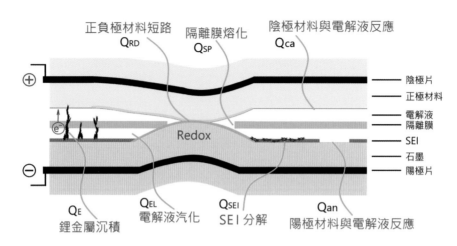

正負極材料短路 Q_{RD}　隔離膜熔化 Q_{SP}　陰極材料與電解液反應 Q_{ca}

陰極片
正極材料
電解液
隔離膜
SEI
石墨
陽極片

Redox

Q_E 鋰金屬沉積　Q_{EL} 電解液汽化　Q_{SEI} SEI 分解　Q_{an} 陽極材料與電解液反應

圖6-2.1　電池熱失控機制與熱能分析

　　從能量供給面分析，當**鋰金屬長晶**造成內部短路時，產熱效率 $\bar{Q}_E$ 是**電子**經由短路途徑的電能所產生，也就是正負極電位差與短路電流的乘積，$\bar{Q}_E = I * V$，由於鋰金屬的電導極高，因此短路電流很大，當鋰枝晶的數量少且截面積不大時，鋰枝晶將會被熔斷並沉積在石墨表層底面，一旦鋰枝晶累積的截面積越大就會傳遞越多的短路電流能量，甚至可在瞬間令隔離膜熔化或造成電解液汽化爆燃。

　　清華大學的 XuningFeng 和歐陽明高於 2019 年發表，量測陽極與陰極分別與電解液的作用產熱，及陰陽極持續接觸的**氧化還原產熱**，得出正負極材料的氧化還原分解是熱失控熱量的主要來源，相對之下，短路電流所產生的熱量僅占鋰離子電池熱失控產熱的一小部分。

　　熱失控過程中電池溫度的發展如下：從石墨負極長晶造成正負極短路開始，電池溫度上升到 70℃～80℃ 左右，石墨負極的 SEI 就會裂解生熱（Q_{SEI}），到達 85℃～100℃ 時石墨中的鋰開始與電解液的溶劑作用產熱（Q_{an}），接著隔離膜吸熱熔化（Q_{SP}），在 100℃～150℃ 之間電解液的有機溶劑將會分解（Q_{EL}），一路增溫超過 135℃～150℃ 時隔離膜即會熔化變形，並造成正負極短路範圍擴大，使得正負極材料直接接觸而促發氧化還原反應持續增熱（Q_{RD}），當溫度飆高到 200℃ 以上，正極材料將會分解並釋放出氧氣（Q_{ca}），進一步促使電解液燃燒（Q_{EL}），自此熱失控將一發不可收拾。

　　因為過度充電、高電壓、充電電流過大等所導致的**能量過剩**，都可能促使電池化學反應加速而製造大量熱能。另外，來自馬達高溫而導熱或電池負載過熱等**高溫熱**

源，一旦吸收的熱能超越臨界點也會觸發熱失控。電池燃燒事件中，有些是冒煙悶燒一段時間後才轉爲明火燃燒，有些則是事前毫無徵兆卻在瞬間爆燃，熱失控的發展程度端視熱源所**提供熱量的速率**而定，嚴重的內部短路將縮短熱失控過程，甚至在瞬間引發爆燃。

工研院材化所鄭錦淑在 2008 年發表，比較三種鋰離子電池在加熱過程中分解出氧氣的溫度和釋放量，分別是 $LiNiCoO_2$ 在 243℃、$LiCoO_2$ 在 253℃、$LiMn_2O_4$ 在 310℃，因而認爲電池能量密度越高，可耐受分解的溫度越低，而越早分解的材料所釋放的氧氣量越多，藉此可以推論，電池能量密度與燃燒危險程度存在著正向關聯性，如圖 6-2.2 所示。

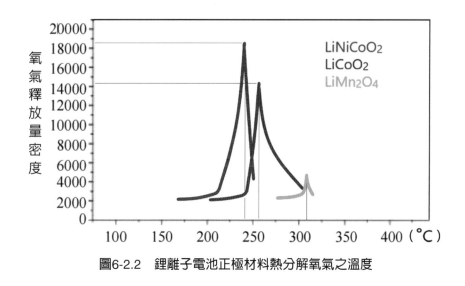

圖6-2.2　鋰離子電池正極材料熱分解氧氣之溫度

磷酸鐵鋰正極材料分解的溫度較鋰三元材料高、分解出氧氣的比例較少、能量密度也較低，故而有些研究推論磷酸鐵鋰電池相對於鋰三元較爲安全。但是鋰離子電池熱失控主要起因於負極石墨的特性，而磷酸鐵鋰和鋰三元電池都是以石墨作爲負極，實驗顯示電池遭受外力破壞或鋰枝晶所導致的短路燃燒，並非歸因於正極材料，詳細原因將在 6-2 節分析，因此，磷酸鐵鋰電池相較於鋰三元電池，熱失控的機率是否較低？熱失控的燃燒程度是否較輕微？尙待更多的實驗與數據來驗證。

Sascha Koch 等人研究，發現電池的荷電量 SOC 對熱失控有絕對影響，SOC 越高引發熱失控的溫度越低，且釋放的能量越大。

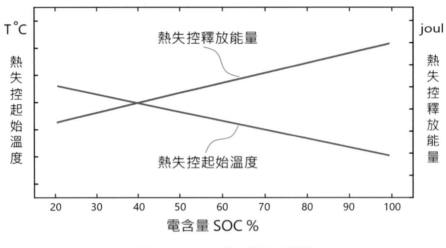

圖6-2.3　SOC對熱失控之影響

6-2.2 熱失控過程

隨著 BMS 技術的成熟和應用經驗的累積，防止過度充電及避免高溫熱源已成為電池組的基本防護，然而層出不窮的電池火災，證實 **BMS 並無法掌控電池的本質問題**，反而突顯出電池內部短路因素的難以駕馭，近年鋰離子沉積占電池熱失控的比例也呈遞增的情勢。

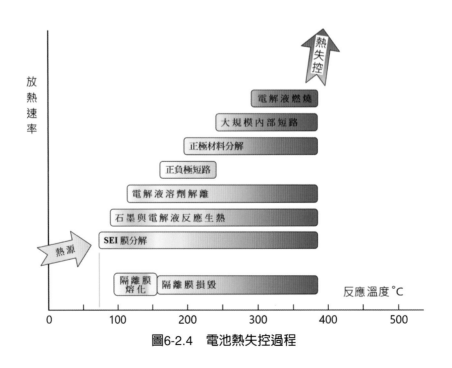

圖6-2.4　電池熱失控過程

　　熱失控有多重層面的肇因，就**熱能觀點**而言，可歸納為內部短路、能量過剩、或高溫度熱源所引發。請參考圖 6-2.4，熱失控的過程從負極 SEI **膜的分解**開始，這時 SEI 膜缺口裸露的石墨將重新與**電解液接觸並反應**，製造新的 SEI 且增加內阻，接著**隔離膜因吸熱而熔解**，連帶電解液裡的**有機溶劑**則會**分解出混合氣體**，然後**隔離膜熔毀變形造成正負極片的直接接觸**，伴隨的氧化還原作用將驅動活性材料不斷釋放出內含的能量，隨著溫度持續升高，**正極材料**將會**裂解出氧氣**，源源不斷供應燃燒之所需，同時有機溶劑也會因為**高溫產生爆燃**，累積的熱能將所有電池原料轉變成燃料，直到電池能量耗完或材料燒盡為止。

　　鋰金屬長晶所造成的內部短路會產生瞬間放電，當鋰金屬沉積的面積較小時鋰枝晶會被熔斷，暫時還不會引發電池燃燒，短路瞬間電池電壓會有突然下降現象。鋰枝晶短路的電流所製造的熱能，瞬間能量高但作用時間短，如果釋放的電能足以使石墨負極的 SEI 裂解，鋰沉積便成為熱失控的起火點。**外部高溫熱源**導致能量吸納過多也會衍生出類似的熱失控模式。

　　能量過剩大多來自電池**過度充電**，有些研究認為當電池過度充電時，使得鋰金屬長晶後刺穿隔離膜造成短路，是電池過充燃燒的主要機制，另有報告認為是因為過充時的副作用造成 **SEI 裂解**，由於內阻增加所產生的熱能引發連鎖反應，又或者兩者兼而有之，真實原因尚待進一步研究。

　　Peter Roth 與 Christopher J. Orendorff 在 2012 年的研究發現，過熱引起**電解液燃燒的三個步驟：分解產氣、高壓氣炸、有機溶劑燃燒**。在引發熱失控之前，電解液中的有機溶劑於 $150°C \sim 200°C$ 會先行反應分解，並急速產出 CO_2、H_2、CH_4、C_2H_4、C_2H_5F 等混合氣體，熱失控分解產氣的體積量則與電池中電解液的含量呈正相關，密封罐內累積的壓力瞬間引發氣爆，使得有機溶劑蒸發進而造成炸燃。電解液的爆燃釋放出巨大能量，隨著隔離膜熔解、正負極短路範圍加大，進一步激化電池的燃燒。

　　請參考圖 6-2.5，Donal P. Finegan 等人於 2017 年發表熱失控的熱傳導模式，電池發生熱失控時，以正負極片短路點為中心，熱源會沿著電池極片傳播，最終熱量擴散至電池全周，直到洩氣閥爆開。

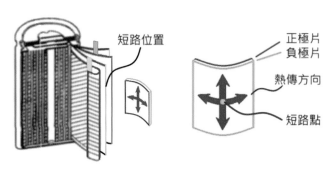

圖6-2.5　電池熱失控熱傳模式

　　眾多電池燃燒事件中，有些是冒煙一段時間後才轉爲明火，有些則是事前毫無徵兆卻在瞬間爆燃，熱失控的發展程度端視**熱源提供熱量的速率**而定。低量熱能以緩慢增溫模式，歷經各項熱失控過程，由悶燒累積至臨界點後引燃；嚴重的內部短路則會縮短熱失控過程，將隔離膜熔化、電解液分解、正負極反應等以指數方式高速完成，瞬間釋放巨大能量。

　　有關電池組的延燒模式，當其中的單電芯發生熱失控時，會以熱失控起點爲中心並以熱傳梯度爲方向朝鄰近電芯延燒。電芯不僅釋放電池當時內含的電化學能，連電芯的組成材料都成爲燃料來源，因此電池組延燒的溫度和持續時間，受到當時電池所**荷電量**（SOC）的多寡、電池材料的量體大小、以及**延燒模式**的影響。電池組延燒時，熱傳導的模式將由電芯**外殼的材質**、**形狀**、**起火點位置**、**連接導線**和**電池組的構造**（configuration）所決定。電池組從起火點開始蔓延，隨著熱傳導一個個引發燃燒，又因爲電池會自行裂解供氧，電池火災往往只能待其自行燃燒殆盡爲止。

6-2.3 熱失控肇因

　　使用電池組時除了電池本身和應用設備兩者之外，尚需要管理系統來控制工作狀況與維護安全。請參考圖 6-2.2，從究責面而言，造成熱失控的原因可分成來自設備使用端的**外部因素**、居中的**管理系統**、以及**電池自身**內因三方面來討論，就自然原理來說，其中的個別因素可再區分爲**電氣**、**機械**、**化學**、**熱能**四種性質所驅動。

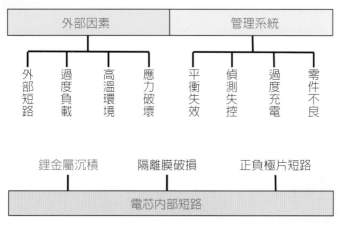

圖6-2.6　電池熱失控肇因

1) 外部因素

　　外部短路、過度負載、高溫環境、外力破壞等是由外而內所導致的熱失控。電池有**外部導體短路**時，導體會因大電流而發燙成為燃燒火源，電池內部離子流也會激烈反應並生熱，一旦熱量累積超越臨界點，促使電解液燃燒或隔離膜破損，就會造成正負極短路引發連鎖反應。

右圖顯示一電池組的充電接點，由於迴紋針造成外部短路，因而引發燃燒，高溫的迴紋針將塑膠殼熔融並嵌入殼內。

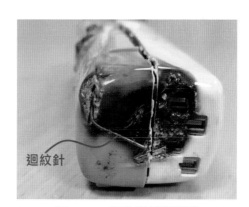

圖6-2.7　電池組外部短路

　　電池充放電時會因電池內阻而產生熱量，**電流過大**將使電池逐漸升溫，熱能以電流大小的平方倍增，如果電池**散熱效率低於增生的熱量**，當電解液達到燃點或隔離膜遭到熔解，便會開啓熱失控進程。

　　電池設備應用於熱帶區域時，在使用壽命和安全上都是極大挑戰，**高溫環境**促

使電池的化學反應加速,散熱效率變差,原本可承受的工作電流變成難以平衡的熱源,最後電池結構因溫升受損甚至產生意外。另外,外部熱源也會造成電池升溫,譬如馬達工作時經常會發燙,高溫熱能便會經由導線傳給電池,因此以電池驅動馬達時,需考量如何防止馬達經由導線回傳熱能的設計。

電動車因撞擊而燃燒爆炸事件時有所聞,隨著電動車銷售數量成長,火災意外也將節節升高。

圖6-2.8　電動車燃燒事件日趨頻繁

電池遭受**擠壓**、**落下**、**撞擊**、**刺穿**等**外力破壞**,直接造成電池正負極短路進而引發燃燒,目前已知僅有鈦酸鋰電池不會因為內部短路而起火燃燒,鋰三元和磷酸鐵鋰電池在內部短路時都會引發連鎖反應,產生嚴重不一的燃燒狀況,端視當時的電含量與能量密度而定。

2) 管理系統

電池管理系統(battery management system, BMS)負責管控電池組的外顯功能,其中與電池安全控制相關的包括:**平衡失效**、**偵測失控**、**過度充電**、**零件不良**等。

電池串聯使用就會有一致性差異的存在,包括電容量、電壓、內阻、導電性、自放電率等,尤其是**平衡效率不佳**導致電壓差異的累積,一旦電壓超過電芯可承受的極限,不論是**能量的直接釋放**或鋰金屬長晶造成內部短路,都會促發電池燃燒意外。

BMS 藉由偵測電壓、電流、溫度等得知電池的狀態,如果**偵測不確實**便會失去對電池狀況的掌控,偵測上的誤差很大比例是來自電子零件的老化與損壞,另外接點腐蝕、斷線、焊錫脫落或接觸不良也是常見的原因。

電池**過度充電**時源源不斷輸入的能量超過負極所能承受的上限,電池材料必然因為能量無處釋放而發生燃燒,許多因素都能造成過度充電,包括平衡失效、偵測失

控、零件不良等，但最常發生在開關的失效上，尤其是長期承受工作電流的功率開關 MOSFET 被燒穿，因此設置多重開關和保險絲成為 BMS 必要的防範手段。

零件不良將使 BMS 的偵測與控制失去作用，尤其是需要耐受大電流的功率元件特別容易損壞，電力開關燒毀就無法切斷充電電流，一旦電池的荷電量超出臨界點，電池便會以任何可能的方式引發燃燒。

隨著設計經驗的累積與對電池特性的了解，BMS 在硬體線路和軟體程式已臻完備，上述問題大多早有解決對策，然而電池燃燒事件依然層出不窮，以量產迄今已逾三十年的筆記型電腦為例，似乎再完美的 BMS 也無法遏止電池意外的發生，因而使得鋰離子電池自身的因素逐漸浮上檯面。

3) 電池不良

隨著 BMS 技術的完備和操作管理上的精進，因而突顯出**鋰金屬沉積、隔離膜破損、正負極短路**等電池不良所造成的燃燒比例越來越高。

正負極短路是電池熱失控引發爆燃的根本原因，**隔離膜破損**則是正負極片短路的必要條件，無論是外力擠壓撞擊、BMS 失控產生高電壓、高溫導致隔離膜收縮變形、鋰金屬長晶刺穿隔離膜等，在隔離膜損壞失去絕緣作用後，最終將會造成正負極活性物質短路並釋放大量熱能。

當負極材料**吸納鋰離子的速率低於鋰金屬還原的速率**，鋰離子就會在負極石墨開始長出鋰金屬枝晶（dendrite），隨著鋰枝晶逐漸累積長大刺穿隔離膜後，造成正負極短路同時產生短路電流，因而引發負極能量急速釋放，接著隔離膜熔化變形後並擴大短路範圍，進一步激化後續的連鎖反應。

鋰枝晶是在長期使用下累積而成，但是在靜置狀態下也可能達到短路的最後門檻。化學反應是動態的，平衡時氧化速率與還原速率相當，不過難免會有微量的潛變，原本已經生成一定程度的鋰枝晶，在經年累月的蓄積下，一旦達到臨界點時就會觸發，這也是電池在沒有充電的靜置狀態下會產生**自燃**的原因。依據電池火災事件統計，鋰三元電池大約每 110MWh 的電池量會產生一起事故，鋰離子電池儲能系統發生燃燒事故的時間，從數個月到數年不等，平均落在 16～18 個月左右。

鋰離子電池中的電解液、隔離膜、負極石墨、正極材料、黏結劑等都是燃料，在產生高溫初期有機溶劑先行解離，更高溫時正極材料結構會分解或發生相變化，兩者

都會釋放出氧氣，持續助長電池材料的燃燒，因此電池的燃燒並不需要外部環境提供氧氣，這也是為何鋰離子電池一旦燃燒無法從外部阻絕的原因。

石墨系負極材料安全問題

　　電池在充飽電狀態時，化學能量是蓄積在負極材料，當能量耗盡時，負極的化學結構可說處在一種鬆弛的狀態，因此就危險性而言，負極材料是關鍵所在。石墨系鋰離子電池在四種應用情況下容易產生內部短路，包括**電池過充**（電池電壓過高）、**維持高荷電狀態**（SOC）、**大電流充電**和**低溫環境下使用**。石墨系負極電池內部短路成因分析如下：

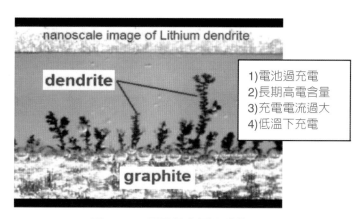

圖6-3.1　石墨鋰金屬沉積放大圖

6-3.1 石墨負極鋰金屬沉積成因

　　鋰離子電池的石墨負極嵌鋰成為 LiC_6，相對於鋰離子還原成元素（Li^+/Li）的電位平台約為 0.1V～0.2V，由於兩者電位過於接近，一旦負極石墨吸納鋰離子的速率低於鋰離子的還原速率時，就會在石墨表面產生鋰金屬析出的長晶現象（Lithium dendrite），隨後累積生長進而刺穿隔離膜，造成電池正負極短路，最終引發電池自燃，請參考圖 5-3.1。

　　充電電流會影響鋰金屬的沉積。從**熱動力學**分析，當**充電電流增大**時，所需克服的還原過電位（V_{OP}）隨之加大，因此使得石墨嵌鋰電位下降，一旦石墨嵌鋰電位相對鋰離子還原電位低於 0V 時，鋰金屬沉積作用就會開始發生，隨即產生鋰金屬結

晶,如圖 6-3.2 所示:

充電施加的熱能隨著充電電流增大而加大,一旦跨越了鋰金屬沉積所需的能量,將會造成鋰金屬在負極石墨結晶。

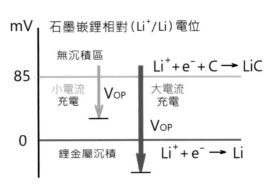

圖6-3.2　充電電流與鋰金屬沉積

電池荷電量會影響鋰離子的還原速率。從**離子擴散**原理分析,隨著電池**荷電量 SOC 的增高**,石墨嵌入的鋰離子密度越來越大,後續從電解液釋出新的鋰離子,將越來越難以嵌入石墨,這時由於溶液中鋰離子的還原速率大於負極石墨吸納鋰離子的速率,造成鋰金屬在石墨表面結晶。同樣的當**電池充飽電**,石墨已經完全嵌滿鋰離子而無法再吸納多餘的鋰離子,也將促使鋰金屬在石墨表面析出,如圖 6-3.3 所示:

當電池荷電量增高,鋰離子將越來越難以嵌入石墨,充飽電時石墨則無法再有效吸納鋰離子,鋰金屬將在石墨表面析出。

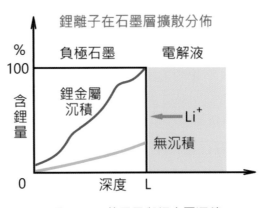

圖6-3.3　荷電量與鋰金屬沉積

有些研究認為石墨嵌鋰相對（Li^+/Li）還原電位小於 0V 只是鋰金屬沉積的必要條件,鋰枝晶發生的充分條件還需要石墨內已充滿鋰,才會在石墨表面長晶,否則鋰會優先被石墨吸納,然而在**低溫環境下**,由於化學反應速率下降,電解液對鋰離子的溶解度減少,將多餘的鋰離子釋出時亦會造成鋰金屬沉積,在這種情況下石墨裡面並

沒有充滿鋰離子，因此需要石墨內完全充滿鋰，才會產生鋰金屬沉積的說法，與實際情況並不全然相符。

除了石墨本身吸納鋰的速率之外，表層的 SEI 也會造成鋰金屬沉積。石墨週圍 SEI 的增生會阻塞石墨顆粒間的孔隙，減少電解液傳輸的通道，促使還原過電位升高，當鋰離子無法有效嵌入石墨，即會在石墨表層產生鋰金屬結晶，如圖6-3.4所示：

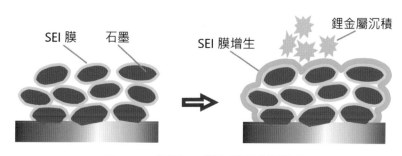

圖6-3.4　石墨SEI增生與鋰金屬沉積

6-3.2 石墨負極電池的兩難

鋰三元和磷酸鐵鋰電池，受到**自燃起火危險**和**壽命偏低**的兩大問題的困擾，主要是因負極材料所引起，雖然石墨具有高容量密度和材料成本便宜的優勢，卻也同時帶來**內短自燃**的危險性以及固態電解質膜所衍生**壽命較短**的問題。

為了提升電池使用壽命，許多研究針對石墨與 SEI 進行改善，然而一旦**電池壽命延長**，石墨**長鋰枝晶的機率**也隨之增加，對於石墨系負極電池而言，陷入**使用壽命**與**安全性**的兩難。

起火燃燒是電池最大的危險所在，各國政府大多訂有安全測試規範，其中以**金屬針刺穿電池**的測試最為重要，這項測試並非為了評估電池遭受外力破壞的影響，而是為了**模擬電池發生內部短路**的結果。對於石墨系負極電池來說，**能量密度越高燃燒的風險也越大**，兩者無法兼得。

為提高鋰離子電池安全性，從**負極活性材料**著手是最根本辦法，但受限於材料本身的化學性，尋找新材料的難度也是最高，新材料通常也帶來新的副作用；在電解液中添加**阻燃劑**是一個方向，譬如三甲基磷酸鹽（Trimethyl Phosphate, TMP），不過有機溶劑成分複雜，防燃效果十分有限，而且阻燃劑往往會影響電池原有性能；另外

還可採用摻雜或塗佈耐熱材料，以改善**隔離膜強度與熔點**，使隔離膜能在高溫下依然具有絕緣作用，但是隔離膜強度的改善經常不利離子的傳導率。電池單一特性的改善往往需要犧牲其它特性來交換。

　　鋰離子電池為解決石墨表面因為鋰金屬沉積造成短路的缺點，大致有幾個研發方向：

1) 更換離子材料，不使用鋰離子材料，自然就沒有鋰金屬沉積的問題，因此就有鈉離子、鎂離子、鋁離子等電池的濫觴。

2) 更換負極材料，不使用石墨材料，就可大幅降低鋰金屬沉積的可能，鈦酸鋰電池即是以鈦酸鋰材料取代石墨負極，達到安全的目地。

3) 使用添加劑以抑制石墨表面長晶，目前仍是許多電池大廠的研究方向。

4) 強化隔離膜，使鋰離子沉積時不易刺穿而造成短路；或者提升電解液燃點，當鋰金屬沉積短路時，不會引燃電解液。

　　另一方面，為解決鋰離子電池循環壽命偏短的問題，也針對固態電解質膜的生長控制進行研究，使電池使用壽命得以延長，然而鋰離子電池壽命越長，石墨長鋰金屬結晶的機率也越高，電池使用壽命與起火燃燒風險相互牴觸，成為石墨系鋰離子電池發展的兩難。

7 章 電池管理系統

電池系統的良窳主要由幾項因素所決定：**電芯特性**、**電池組架構**、**電池管理系統**、**製造與組裝品質**、**系統維護**等。其中，**製造組裝**的品質和**系統維護**端視實務執行狀況而定，屬於生產與管理範疇；電芯特性已在前面章節詳細說明，**電芯品質**好壞只能影響自身的特性，**管內不管外**，也就是說外部負載接收電池供應的能量之後，因而產生的結果，不是電池所能決定；**電池管理系統**負責管控電芯的外顯機能，並無法改變電芯既有的特性和參數，**管外不管內**，電池管理系統是電池組必要的基本配備，雖然它不能提升電池原有性能，也無法防止電池內部短路的發生，但是管控不佳的 BMS 卻可以輕易的毀壞電池；**電池組架構**銜接電芯與電池管理系統的相互關係，再好的電芯也需要搭配適當的電池管理系統。本章將針對電池組架構及電池管理系統進行討論。

電池組架構

　　電池組（battery pack）是由多顆電池芯（cell）並聯成**大容量電池排**（row），再將各電池排串聯成**高電壓電池模組**（module），然後搭配電池管理系統（battery management system, BMS）組合而成，如圖 7-1.1 所示，共有四個電池模組，每一模組由 8 顆鈦酸鋰**單電芯**並聯爲 21Ah（8P）的**電池排**，再將 10 個 21Ah 電池排串聯成 24V（10S）**電池模組**，續將 1A 和 1B 兩個 24V 電池模組串聯成 48V 的大模組，並交由 BMS-1 來管理，接著將 BMS-1 與 BMS-2 透過一總控制板或線路予以並聯，形成一個完整 48V*42Ah **電池組**。當然，要構成相同電壓和同樣容量的電池組，可以有多種串並聯的方式，譬如可先將兩個 21Ah（8P）*24V（10S）的電池模組並聯成 42Ah（16P）*24V（10S）的組合，再將兩個 42Ah*24V 模組串聯，形成 42Ah*48V 的電池組。

　　電池組中電芯的並聯數量和串聯電壓，都需與電池管理系統相搭配。若需要更大電容量或更高電壓的設備時，可將圖示包含 1A、1B、2A、2B 四個電池模組（module）的電池組（pack）與其它的 48V*42Ah 電池組串聯及並聯成一電池系統，同樣的道理，這時的 48V*42Ah 電池組就如同一顆大電芯看待，電池系統也需要一個更高階的電池管理系統來統合，或稱之爲**電源管理系統**（power management system, PMS）將電池組（pack）視爲一獨立單位施予管理。當多個電池組串並聯時，由於管理系統之間的資料交換與指令需求，因此需要外加一**通訊系統**作爲溝通與控制通道。

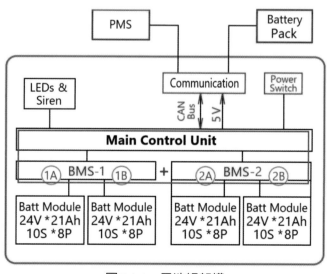

圖7-1.1　電池組架構

電池管理系統

電池管理系統（BMS）是電池組的**工作暨養生系統**，<u>工作</u>主要在於控制電池的充放電，**養生**乃指偵測電池狀態與平衡。不論是**電池的使用壽命**或**安全性**，大致受到三個面向的影響，包括電芯自身特性、外部環境與使用條件、及電池管理系統，就如同一個人的壽命是**遺傳基因、外部環境與身心損耗、以及生活與保健**的綜合結果。電芯材料的自身特性是使用壽命和安全等級的既有基礎，電池管理系統只能藉由**偵測電池外部參數**及**調節手段**去維護，以減緩外部環境與使用條件對電池的衝擊，**沒有完善的電池管理系統，電池的使用壽命會縮短甚至引發燃燒危險**，然而再**完善的電池管理系統**，也無法增進電池既有的使用壽命或防止電池內短引發的熱失控問題。

現有各項工具可以測試電池材料的成分和結構，但是對於電池成品而言，內部是由正負極片捲繞或堆疊而成，外部有金屬外殼材料封裝，因此還無法以探測粒子或透視方式有效測得電芯內部的狀況，雖然**電化學阻抗測試儀**（electrochemical impedance spectroscopy, EIS）可以量測單電芯的交流阻抗，然而對於多顆電芯並聯成的電池排，在共有正負端點情況下，並無法區別和偵測個別電芯的阻抗。

電池成品的封裝外殼和電池組的串並聯結構，不允許電池管理系統採用侵入式的偵測手段來得知電芯內部的**物理**和**化學物質狀態**，例如：活性物質含鋰量、電解液濃度、固態電解質膜厚度或阻塞情況、鋰金屬長晶狀態、極片毛刺情況、界面過電位

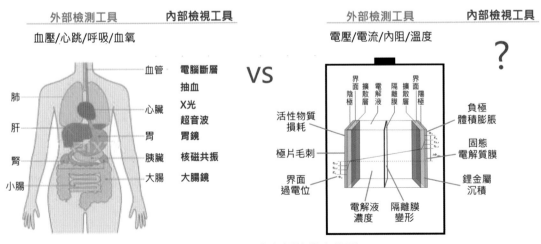

圖7-2.1　電池內部狀態之偵測

等。由於缺乏透視內部的工具，電池管理系統只能憑藉所偵測到的外顯參數，包括電壓、電流、內阻、溫度等來望聞切問，然而電芯內部狀態的變化，並沒有完整且即時的反映在外顯參數上，以致 BMS 對於電池內部情況的掌握仍有很大的隔閡。

　　縱使無法取得電池內部狀態資訊，基於電池電壓、電流、阻抗、溫度等外顯資訊，電池管理系統仍有許多工作必須執行，尤其是電池長期測試的資料累積，以及電池應用上的工作曲線特性，彌足珍貴，BMS 得以藉由外顯的徵兆與資訊儘可能掌握電池的變化狀態。沒有電池管理系統的鋰離子電池組，僅靠電池自身的一致性，很容易就會因充放電所累積的特性誤差而失效，並且會衍生燃燒的危險。請參考圖 7-2.2，電池管理系統主要任務有五項，包括：偵測電池參數、執行管制功能、電池電壓平衡、異常預警與處置、BMS自我偵測，並搭配通訊系統支援，逐一說明如下：

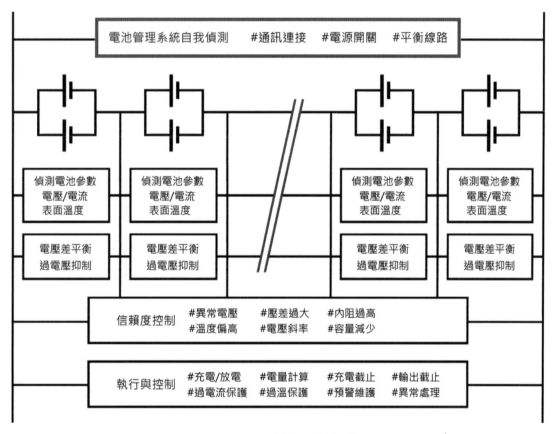

圖7-2.2　電池管理系統架構

141

7-2.1 偵測電池外顯參數

掌握電池狀態是 BMS 的首要工作。電池模組首先由獨立電芯並聯成大容量的電池排（row），續將這個大容量電池排再串聯成高電壓模組（module）。如圖 7-2.3 範例，量測電池模組內每一組電池排的<u>電壓</u>是電池管理系統的基本動作，對於 n 個電池排串聯而成的電池模組需要 n+1 條偵測線；另外，藉由 Hall sensor 偵測<u>電流</u>，可計算出電容量和荷電狀態（SOC）；或可量測通電瞬間的開路電壓與閉路電壓差值，以求得各串電池排在該工作電流下的<u>內阻</u>（IR）；再者，電池<u>表面溫度</u>的偵測則需選擇最可能產生異常高溫的位置，尤其是電池模組內部散熱不佳的電芯所在。

量測電池組的電壓、電流、內阻、溫度等只是代表電池在某一瞬間的狀態資訊，並無法直接呈現電池的好壞程度，電池在不同環境和工作條件下就會轉換成另一種狀態，利用這些狀態資料再經由比對和計算來**推論**電池的荷電狀態（state of charge, SOC）、功率狀態（state of power, SOP）、健康狀態（state of health, SOH）、安全狀態（state of safety, SOS）、剩餘壽命（remaining useful life, RUL）等，藉此評估電池的狀況並執行各種預警與控制措施。

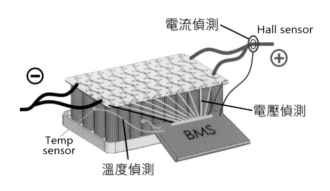

圖7-2.3　電池管理系統偵測與控制線路

7-2.2 執行管制功能

匯集所有偵測訊息，並進行相關計算和判斷，再執行各種管控，包括：充飽電截止充電及過電壓保護（over voltage protection, OVP）、低電量切斷輸出及低電壓保護（under voltage protection, UVP）、過電流保護（over current protection, OCP）、電

池溫度過高保護（over temperature protection, OTP）、電池荷電狀態（SOC）與工作狀態顯示、或是發生各種異常時的**切斷電源開關**、**發出警示信號**等，都是必要的管制功能。

　　在執行工作指令之外，BMS 最重要任務就是**安全防護**。過度充電是絕不允許的危險狀態，因此充飽電截止通常會設置多重手段，除了電池管理系統的過電壓保護，充電器也會有類似機制，BMS 的保護電壓，相對於充電器充飽截止電壓，可依應用情境設定切斷電源的優先順序，相互作爲第二道防護線，同時也可加上計時機制，一旦充電時間逾越合理範圍，縱使前二道尚未截止，也會基於安全考量將輸入電源切斷，另外，也必須提供適切的燈號、警鈴、通訊聯繫等予以警示。

　　BMS 首要管控就在**電源開關**，依電池組電壓的高低和工作電流的大小，一般分成**模組開關**或**系統開關**兩種，低電壓之電池組，例如模組總電壓在 48V 以下，且在獨立應用情況可利用 MOSFET 或 IGBT（insulated gate bipolar transistor）等**功率電晶體**作爲電流通道開關，由於功率型電子元件可承受一定的電壓和功率，因此可設置於BMS 線路板上作爲電池組的個別開關。對於多個電池組串聯成高壓電池櫃，或總電壓超越 100V 且工作電流較高的電池組，則可採用**繼電器開關**（relay）。

　　電池荷電狀態（SOC）是指電池現存電量相對於額定電量的占比，由於電池剩餘可用電量是**電池溫度**、**輸出電流**、**老化程度**的函數，在計算電池 SOC 時，並沒有精確的標準答案。常用的 SOC 計算方法有：**開路電壓法**、**安時積分法**、**工作曲線法**、**卡爾曼濾波法**、**神經網路法**等，運用資料庫和電池狀態交替計算，甚至可自我修正的學習模型，都是刻正發展中的研究方向。

1) 開路電壓法

　　在固定恆溫環境裡，電池荷電量與開路電壓（open circuit voltage, OCV）呈相對應的線性關係，以電池在未使用時的開路電壓來表示荷電容量是個簡單明確的方法，但是在應用上卻障礙重重，主要原因包括：

A) 在設備使用中爲了量測開路電壓而突然**停止輸出電力**，令設備臨時失去動力是不洽當的方法，很容易釀成災害；

B) 由於電池極化作用造成**電壓遲滯**現象，即使暫停充放電也需經過一段時間，開路電壓才會回復穩定，在量測效率上難以有效執行；

C) 另外，鋰離子電池 SOC 中間段曲線十分平緩，**電壓變化不明顯**，電壓量測值稍有偏差就會造成估算波動，以致結果誤差過大；

D) 再者，電池電壓也會隨著**溫度高低**而變化，使得量測結果更不準確。

　　雖然如此，只要電池在未使用的情況下測得開路電壓，經由溫度 - 電壓 - 容量資料表，仍可作為校正電池 SOC 的參考。

2) 安時積分法

　　藉由量測工作電流並加以累計即可得出電池所充放的電量，在固定的工作模式與忽略自放電率下，可相當準確測出充電和輸出電量的變動，此方法的缺失在於隨著循環次數增加，累積誤差將造成 SOC 逐漸偏離正常值，一般需再搭配開路電壓校正，特別是利用電池充飽點和低電量截止點電壓作歸零調整。再次強調，由於複雜的電化學反應並非線性，**環境溫度**和**工作電流**都是影響可用電量的重要因素。

3) 工作曲線法

　　抽取足夠的電芯樣本進行大量測試，將不同**溫度**、**充電電流**、**放電電流**、**可用總電量**作為控制變因，得出資料矩陣與量測電壓對應關係：

$$SOC = f(V, T, I_c, I_d, Q(a)) \text{，} V：工作電壓 \quad T：電池溫度$$
$$I_c：充電電流 \quad I_d：輸出電流 \quad Q：電池可用總電量 \quad a：老化參數$$

　　對於一工作中的電池，先測得該電池的工作電壓，然後依據當下量測的參數，包括：電池溫度、充電或放電電流、電池尚可使用的總電量等，另外，由於電池可使用的總電量受到電池老化程度影響，因此老化參數也需納入函數中，再藉由查表即可得出對應的 SOC。越多的資料使得估算結果越精準，同時也代表需要投入越大的量測時間和成本。

4) 卡爾曼濾波法（Kalman filter）

　　原方法是一種迴歸濾波器，依影響因子建立預估模型，同時需考量因子的不確定性予以加權平均計算。當應用在 SOC 估算上，是以安時積分法估算變化量，並利用

開路電壓法反饋修正預測結果。此種方法衍生出多種估算模型，也可導入歐姆內阻等其它電池狀態參數，預估結果可達一定的準確度。

5) 神經網路法

利用**大量數據樣本**，經由**自我學習及設定誤差範圍**，**自動建立數學模型**，樣本數越多模型預測就越準確，可視為工作曲線法的另類運用與擴大。然而，預估模型並非參數越多越好，參數量測值和影響值的誤差會累加，造成預估結果有效度的降低，反而使得預估模型失真。

7-2.3 執行單串電壓平衡

電池平衡的最終目的，是在**防止電池芯發生電壓過高或過低**的情況。造成電池組內電池電壓不平衡的原因，來自於電芯化學特性的不一致，包括**電容量、內部阻抗、自放電率**的差異。各個電池不一樣的胃納量與內耗量，卻在串聯狀態下給予相同的電流，歷經多次工作循環，個別電芯的電壓差異就逐漸累積而成。

單電池的電壓來自電池正負電極化學反應的還原電位差，電壓的工作範圍是物質本性所自然形成的驅動力，由於在實際應用上往往需要較高的電壓，因此就需要將單電池串聯成高電壓的電池組。然而，每一單電芯都有自己的成分組成和特性，在多次串聯充電與放電使用後，各種特性差異的累積，就會開始產生個別單電芯電壓不一致的現象，最終造成電池的損壞，甚至引發燃燒危險，因此**所有串聯的電池組成，都需要有效對應的平衡方法**。

電池組串聯充電時，由於所流經的電流大小一樣，因此小容量電池的電壓會增加較多。

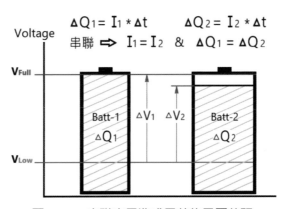

圖7-2.4　串聯充電造成電芯的電壓差距

　　如圖 7-2.4 所示，電池組內串聯的電池在充電或放電時，由於流經相同的電流，忽略個別電芯的極化阻抗和自放電率不計，充入和輸出的電量都會是一樣多，因此電容量少的電池會產生較大的電壓變化，造成充電時電壓上升快，在它達到充飽電壓時，電容量大的電池則尚未充飽。

　　請參考圖 7-2.5，放電時小容量電池的電壓下降也較快，當它達到放電截止電壓時，電容量大的電池還有多餘電量未釋放。經過多次充放電循環之後，兩者的電壓差距就會越拉越大，唯有藉由平衡方法來調整電池電壓，才得防止電池的過充和過放。

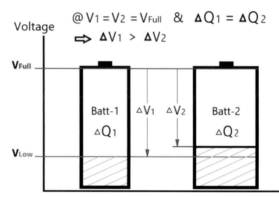

> 電池組串聯輸出時，由於所流經的電量大小一樣，因此小容量電池的電壓會下降較多。

圖7-2.5　串聯放電造成電芯的電壓差距

　　電池平衡方法不論是**截長補短**、**消耗剩餘**、或**齊頭式平等**，最終目的就是控制**電芯的電壓在正常範圍內**。電池平衡技術主要概分為三類：**主動平衡、被動平衡、及分壓充電**，逐一說明如下。

1) 主動平衡法

　　利用**電容、電感、電池、變壓器**等低功耗儲能元件，將具有較高電壓電池的電量移轉給低電壓電池，藉此均衡電池電壓，並可儘量減少平衡過程中電池能量的損失，代價是**控制線路與軟體複雜、成本高、占據空間大**，比較不適用於小型電池組。

　　如圖 7-2.6 所示為利用電容作暫存媒介，並控制電路開關來移轉電量，電池 B_2 透過電容 C_1 和 C_2 可與前後串電池 B_1 和 B_3 交換電量，按此原理類推可變化出許多種平衡邏輯，如圖 7-2.7 所示雙層交換式結構，可提升平衡效率達左圖的四倍，然而越多階的平衡機制，也代表了越複雜的開關控制與成本。類似的架構也可採用電感、電

池、變壓器來達成，端視實務應用的需求與成效而定。

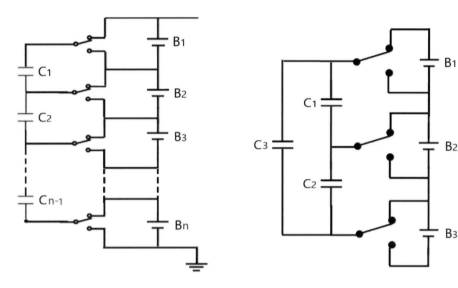

圖7-2.6　單層交換式主動平衡　　　　　圖7-2.7　多層交換式主動平衡

2) 被動平衡法

使用**並聯電阻**來消耗具有較高電壓的電池之能量，藉以縮小串聯電池排之間的電壓差距，並可針對電池的過充電壓施予消耗性限制。被動平衡線路將電阻與電池並聯，透過電壓偵測迴路及控制開關來進行平衡。**線路簡單、成本低廉**，缺點是電池**能量純以電阻消耗而浪費掉**，以及平衡電阻衍生的**散熱問題**，散熱效率決定了可平衡能量，進而影響電池平衡的效率和電池組的信賴度。

圖 7-2.8 爲被動平衡線路方塊圖，配合軟體程式控制，基本上可分爲「**過充電壓平衡**」和「**電壓差平衡**」兩部分。**過充電壓平衡**主要應用在電池充電的後期階段，先設定一充飽電壓的上限值，譬如：鋰三元爲 4.15V～4.20V、磷酸鐵鋰在 3.55V～3.65V、鈦酸鋰是 2.75V～2.90V，偵測線路以**分壓比較器**來量測單串電池的電壓，只要任一串電芯電壓超越此設定值（**固定值**），即會啓動開關，使充電電流 I_{ALL} 一分爲二，分流的電流 I_2 在電阻上消耗能量，平衡電流 I_2 由並聯的平衡電阻值所決定，剩餘的電流 I_1 仍然對電池充電，由於流經電池的電流減少，即可減緩電池電壓 V_2 的上升速度，電壓落後的電池則可以全電流 I_{ALL} 充電追趕。等到電池組充飽電停止後，即使已經不再充電，平衡電阻依然發揮功效，

可針對超過設定電壓值的電池繼續消耗電量，直到電壓低於設定值才關掉平衡開關，如此可確保每一單串電壓都被抑制在設定電壓值之下。

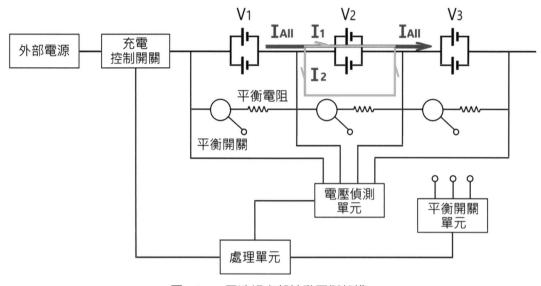

圖7-2.8　電池組內部被動平衡架構

　　過充電壓平衡容易產生兩大問題，一是多串電池集中在充電末期一起平衡，N串組成的電池組在最嚴重時，會有N-1串電池同時平衡，促使熱能累積問題更為惡化；再者，平衡時間僅限充電的末段，作用時間過短以致平衡效果不佳。這兩個因素彼此牽制，提早進入平衡階段則發熱功率變嚴重，延緩進行電壓抑制則平衡效果不佳。

　　<u>電壓差平衡</u>是設定一電壓差額，任一單串電池的電壓和最低電壓差距超越這一設定值，就會針對高電壓的電池進行耗電平衡，可以只消耗單一最高電壓的電池，也可同時消耗多顆電壓偏高的電池，此種方式可將充電末段的短期平衡時間，分散在**充電、靜置、輸出**的任意狀態下，如此可用極小的平衡電流達到極佳的平衡效果，同時改善過充電壓平衡時發熱過度集中的缺點，消除平衡電阻過熱所衍生的品質問題。

　　在實務應用上可以有多種搭配與變化，譬如可同時**實施兩種平衡手段**，以電壓差平衡作為主要平衡，以過充電壓平衡防止電壓過高的上限值，兩者相輔相成；或者可以只**採用單一種平衡方法**，譬如油電混合車的電池電壓只在中段電壓範圍工作，且充放電倍率高達20C，因此不適合採用電壓差平衡，可以設定過充電壓平衡（OVP）防止電壓過高即可；有些應用可能需要設計更為**複雜的平衡條件與區間**，端視是否可達

到預期的效果而定。對於 1C 倍率以內的充電需求，或是充電間隔較長的應用，被動平衡方法通常足以滿足平衡效率、散熱控制及成本要求。

3) 分壓充電法

　　各個電池具備不一樣的特性，施予相同的串聯工作電流經過循環使用後，自然會產生電壓差異，這是電池串聯下無差別充放電的缺點。採用**個別電池排專屬的分壓充電**，所有的電池排在充飽電時的電壓都相同，等同在充飽電時作了一次同步校正，電池排之間的電壓差就不會累績，即可維持電池組內各串電壓的穩定。

　　分壓充電法實際上並不具有平衡功能，它只是沒有製造需要再予處理的不平衡狀況。針對每一串電池施予個別獨立充電，每一串電池充飽時都會達到相同的電壓水位，自然不會有電壓過高或不足的問題，串壓輸出後雖然電池容量少的電壓會較其它電池低，但下一次的充電又會令每一串電池回到一樣的充飽電壓，也就沒有進行平衡的必要，既不會損失寶貴的電量，也不會發生平衡電阻熱能累積的問題。分壓充電法由於**充飽電壓固定**的優勢，同時避免被動平衡的散熱問題，因此可維持電池在穩定的工作範圍內，有利於電池壽命的延長。（圖 7-2.9）

　　分壓充電法最大的問題是**接點數量過多**，N 個電池串聯組成的電池 組至少需要 N+1 條電源線，電池組串聯電壓越高，接線就越複雜，尤其是以大電流充電，線材焊接點占據空間隨之加大，充電器數量也增多，對於串聯階數超過一定數量的模組，過多的電源接點並不符合實際應用。分壓充電法在快速充電上有其優勢，然而如何簡化電線和接頭的連接結構，將是應用分壓充電法有待解決的核心問題。

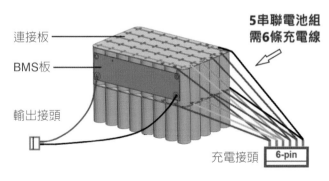

圖7-2.9　分壓充電法接線方式

7-2.4 異常預警與處理

隨著應用產品數量的增加和使用經驗的累績，產業對鋰離子電池特性的優劣也更為清楚，從量的需求轉為質的提升，是產業發展的必經之路，特別是在電池使用壽命與安全上的要求。

電池在瀕臨失效前，可能出現**電壓過高、電壓過低、充放電壓差變大、內阻過大、電流異常、電池發燙、輸出功率下降、自放電率過高、容量減少**等現象，待電池損壞再來處理不良的電池管理系統，已經無法滿足電池在安全性和信賴度的實際需求。利用偵測得到的電池參數，經由邏輯演算以推估電池的損耗狀態，先期進行預防與維護，才可降低危險性及延長使用壽命。

1) 高低電壓預警

電池管理系統開機之後會週期性量測單串電池排的參數，以磷酸鐵鋰為例，在電池電壓高於 3.8V 或低於 2.0V 時，或許還可使用，但電池已遭受傷害，再持續使用下去，很快就會失效甚至引發危險，因此設定一電池最高與最低電壓極限值作為預先警示界線，一旦發現參數已產生偏離現象，電池管理系統將暫停電池組的工作，並發出警訊以利檢修。

2) 電壓差預警

電池組內單串電池排最高電壓與最低電壓的差值也是重要的警戒防線，即使各串電池電壓仍在高低極值以內，然而電壓差過大代表電池組已失去平衡，應及早修正以防電壓差繼續擴大。對於由多個電池組串並聯而成的大型儲能櫃，也需針對電池組之間的電壓差範圍進行監控。

3) 電池內阻異常警示

電化阻抗儀（electrochemical impedance spectroscope, EIS）以量測單顆電芯的交流阻抗為主，然而電池組的單串電池排通常是由多顆電芯先行並聯，在並聯結構之下，個別電芯很難再以內阻測試儀量測，不過仍可善用相同的原理來偵測單串電池排。利用充放電的瞬間電壓差計算電池排直流內阻的方法，請參考 3-4 節的內容。

4) 電壓驟變警示

　　了解電池組內阻之變化，未必一定要得出各種情況下的精確值，重點在於相對於新電池的內阻變化。設定一相同工作條件下，先記錄單串電池排的開路電壓，然後測量放電時的電壓，得出電壓下降值後再與新電池的電壓下降值比較，根據放電情況兩者的**電壓下降值差距**，即可判斷電池的衰退情況；同樣的，也可量測充電時各串電池電壓，根據充電時**電壓上升值**的差距即可判斷電池的衰退情況。內阻惡化的老化電池，電壓變化值會加大，施予越大的電流，與正常電池的差距會越明顯。

5) 電流異常警示

　　利用霍爾感應器（Hall sensor）量測電流，不僅可以偵測電流大小，計算 SOC，也可得知電流導通方向，大幅提升 BMS 的監控能力。另外，除了工作電流，BMS 與系統迴路在靜置狀態下需要維持基本工作電流，為防止可能的線路異常，也應偵測系統漏電流是否偏大。

6) 溫度偏高前兆

　　電池表面溫度雖然未達危險值，但卻明顯高於平均值，也代表該串電池已發生異常，可能是**散熱不佳**、**內阻偏高**、**微短路**、**線路接觸不良**、或是**過度充電**等，應及早處理防範未然。

7-2.5 BMS自我偵測

　　電池管理系統責任重大，一旦負責監控的 BMS 自身發生異常，則上述功能都會受到影響，因此在設計管理電池組的不良之外，必須先確認 BMS 本身能正常運作。

1) 微處理器失效

　　微處理器是系統指揮中心，通訊呼叫是最有效的偵測方法，不論是連接充電器或負載系統，只要有任一方未能正確回應或失聯，即需執行異常處理，特別是在電池充電時，如果 BMS 微處理器已經失控，充電器端得不到有效的反應訊號，應自動停止

對電池充電。至於 BMS 失控時是否停止電力的輸出，則需依使用狀態加以規範，譬如行駛中的車輛發生 BMS 故障，負載系統端並不適合冒然切斷電池動力的輸出。

2) 電源開關失效

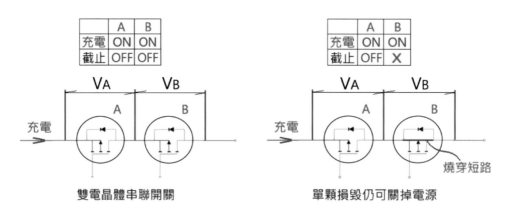

圖7-2.10　雙電晶體串聯開關

　　小型低電壓電池組經常使用 MOSFET、IGBT 功率電晶體，作為電池組的電力控制開關，由於功率電晶體燒壞時會形成短路，此時即使微處理器（MCU）下令也無法關閉電晶體開關，為防範此一問題，可將兩顆電晶體串聯，請參考圖 7-2.10，如果其中一顆電晶體在充電時燒穿，電池充飽電後依然可關掉另一顆開關，藉此確保充電的停止，待下次充電前的初始檢查，就可偵測到已損壞的那顆電晶體加以更換。

　　單顆電晶體失效有一定的機率，兩顆同時損壞的機率微乎其微，請參考圖 7-2.11，串聯雙開關中若有一顆失效，可在充電前的初始偵測找出，並發出禁止充電指令。偵測時先將**電晶體 A 切斷**（開路）並提供一電壓訊號，同時**量測 V_A**，若有讀取到電壓值即代表電晶體 A 已經失效；續將**電晶體 A 打開**（閉路）並將**電晶體 B 切斷**（開路），再提供一電壓訊號，同時**量測 V_B**，若有讀取到電壓值即代表電晶體 B 已經失效。

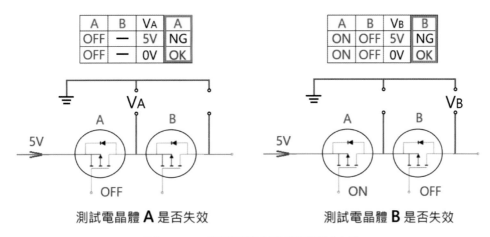

圖7-2.11　雙電晶體串聯開關測試方法

3) 平衡線路失效

　　被動平衡線路是在每一單串電池排，分別並聯一電晶體開關與平衡電阻，檢測平衡線路是否正常，可在充電情況下強制打開電晶體開關，量測每一平衡電阻是否有平衡電流通過。如果平衡線路正常工作，卻依然有電池電壓不平衡情況，就需檢查電池是否已有損傷，或者是工作型態超出了原先所設計的平衡效率。

7-2.6 通訊系統

　　小型電池組通常不需具有通訊功能即可達到完整控制，大型電池組由於多層組成架構以及控制機能複雜，需要足夠的溝通協調，就需仰賴通訊系統的指揮。例如CAN bus（Controller Area Network）、Modbus、RS485 等是現今常用於電動車和儲能模組的串行通信協定，可同時連接和控制數十個電池組共同運作。

被動平衡電阻值與平衡區間

7-3.1 被動平衡阻值計算

　　每串電池的平衡電阻值 R（歐姆），需依下列幾項因素來計算，包括：**單串電池排容量 A**（ampere-hour, Ah）、**單串電池充飽電壓 V**（volt）、**平衡電流 I**（ampere）、**系統散熱功率 H**（watt）、充放電**循環電壓變異值 C**（volt/cycle）、電容量相對於電壓之**單位變量係數 K**（Ah/volt）、充放電**循環所需時間 T**（hour/cycle）、**工作型態**、**環境溫度**等。平衡電流計算原則在於達到足以補償電池組充放電循環的變異量，且平衡電阻**發熱功率**不得大於**系統散熱功率**。

$I_{min} * T \geq (C * K)$，$I_{min} \geq (C * K) / T \rightarrow R_{max} \leq V / I_{min}$；
平衡電流需能彌補充放電循環變異量，求得最大電阻值。

$I_{max} * V \leq H$，$I_{max} \leq (H / V) \rightarrow R_{min} \geq V / I_{max}$；
平衡產生熱能不得大於系統散熱功率，求得最小電阻值。

$\rightarrow R_{min} \leq R \leq R_{max}$
由以上兩個條件得出平衡電阻的適當範圍

I_{min}：最小平衡電流　　　I_{max}：最大平衡電流　　　T：平衡時間
C：循環電壓變異值（volt/cycle）　　　H：系統散熱功率
K：電容量 / 電壓 單位變量係數（Ah/volt）
R_{max}：最大平衡電阻　R_{min}：最小平衡電阻

　　以鋰三元電池組 51V10Ah 為例，電池組由動力型電芯 3.65V2.5Ah 以 4P 並聯 14S 串聯組成，設定每一個單串並聯電池排為平衡控制單位，單個並聯電池排的容量 A = 10Ah，單串電池排充飽電壓 V = 4.2V，BMS 板每單位平均可承受散熱功率 H = 0.5W，51V 電池組中每一充放電循環後電壓的平均變異值 C = 0.2V／回，電池排的

電容量相對電壓變化之單位平均變量係數 K = 0.9Ah/V，利用 C*K 值來計算充放電循環需要平衡的電容量，設定達到平衡所需作動時間 T = 8hrs，代入計算得出：

$$I_{min} \geqq (C*K) / T \rightarrow I_{min} \geqq (0.2*0.9) / 8 = 0.0225A；$$

$$R_{max} \leqq V / I_{min} = 4.2 / 0.0225 = 186.7Ω；$$

$$I_{max} \leqq (H / V) \rightarrow I_{max} \leqq 0.5 / 4.2 = 0.119A；$$

$$R_{min} \geqq V / I_{max} = 4.2 / 0.119 = 35.3Ω；$$

$$∵ R_{min} \leqq R \leqq R_{max} \qquad ∴ 35.3Ω \leqq R \leqq 186.7Ω$$

上述範例若選用平衡電阻值 R = 50Ω，則可算出最大平衡電流 I_{max} = V / R = 0.084A，平衡功率 W_{max} = 0.353watt；若設定平衡電阻值 R = 200Ω，則得出平衡電流 I = 0.021A，W = 0.088watt。前者可以滿足**平衡效率需求**和**散熱功率限制**，後者則已超出最大平衡電阻值，造成平衡功率過低無法在一個充放電循環裡彌平誤差，長期使用將會造成電池排之間電壓的累積差異。

7-3.2 平衡電壓區間

　　「過充電壓平衡」和**「電壓差平衡」**兩種平衡手段應分別設定平衡電壓範圍，以鈦酸鋰電池為例，單電芯充飽電壓為 2.85V，因此可設定每一電池排過充電壓平衡的啟動值為 2.85V，並於電壓低於 2.80V 時關閉平衡線路。對於不同電池排之間的電壓差平衡啟動值可設定為 0.020V，當電壓差小於 0.015V 時停止平衡，需要注意的是，被消耗修正的電池排電壓也要在 2.3V 以上，如果電池排的荷電量未達 40% 以上，就無需進行平衡以免偏低的電量更加損耗，再者，電池在低電壓段會有電壓發散現象，也不適合進行電量的比較。

　　即使在有效的平衡電流範圍內，也需注意電壓平衡區間的取捨，避免產生過度平衡的問題。由於電池各有其特性與工作曲線，電壓與荷電量的相對關係，在不同電池間並非全然一致，過於強力的平衡功率或太過狹窄的電壓區間，有可能因為修正過於頻繁，造成電池排相對電壓忽高忽低，使得電池排一直陷於無效的平衡消耗循環之中。以**最少的熱能損耗**達到電池組內各串電池排的**電壓穩定**，才是最適切的平衡機制。

電池串並聯組合規劃

電池組設計的首要決策是電池的選用。需要採用哪一類電池材料？**鋰三元**、**磷酸鐵鋰**、或**鈦酸鋰**？**功率型**、**能量型**、**通用型**哪一種較適合？至於電芯型態的考量，有關**電芯外殼**的材質、形狀、尺寸對於電池模組的組裝、散熱效率及應用的限制等，可參考第 2-7 節內容。

選定電芯種類與型態後，電池組（pack）應該要先將電芯（cell）並聯以增加電容量？或是先將電池串聯來提高電壓？更大型的電池裝置也面臨相同的問題，如何將電池組單元串並聯成電池櫃（rack）？甚至更進一步以電池櫃為單位組合成併網型儲能系統（energy storage system, ESS），都需要在工作電流、電壓、平衡效率、與控制精度上多方考量。

除了考量電池的組合，電池在串並聯接時，尚需針對擔負傳輸的**導體**和**接頭**進行分析，尤其是導體阻抗的重要性經常被忽略。

7-4.1 電池組架構影響因素

在已知系統電壓條件下，譬如一個 48V20Ah 的電動機車電池組，若是先將 2.5Ah 的單電芯以 8 顆並聯成 20Ah 電池排以增大容量，如此電池排內所有電芯的電壓將會維持在相同水位，使得每個電芯在工作時都一同進退，藉由分擔使得個別單電芯免於發生大幅的電壓波動，可有效保護電芯；相反的，偵測電池排電壓的敏感度會降低，若有單顆不良電芯隱身其中，在 20Ah 電池排裡的變化量會較 10Ah 裡的不明顯，也就不容易被偵測到，平衡效率也會因電池排的容量過大而變差。

先將電芯串聯可提高電壓，在固定工作功率需求下，升高電壓可減少工作電流、降低電路的熱損耗。然而每串電池都需要平衡線路來維持狀態，電池組若是搭配過多的平衡線路，勢將形成控制系統的負擔。

請參考圖 7-4.1 與 7-4.2，舉例比較如下，對於一個含有 20 顆電芯的電池組，假設第一種組合是先將 4 顆電芯並聯再施予 5 串聯，即 4P*5S，只需搭配 5 組平衡單元；

第二種組合是先將 2 顆電芯並聯然後施予 5 串聯，接著再並聯成 2P*5S*2P 的組合，兩種電池組的總和電壓與容量是一樣的，但是第二種組合需要搭配 10 組平衡單元。

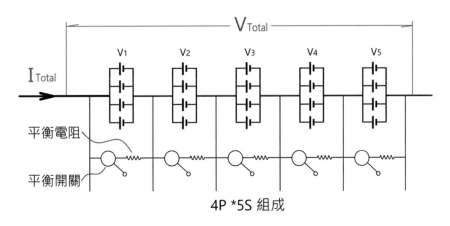

圖7-4.1　電池先並後串（組合一）

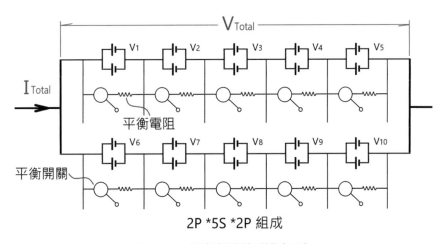

圖7-4.2　電池串並聯（組合二）

　　將兩種組合施予相同負載時，產生的差異在於：組合一的平衡單元數量少、成本較低、但平衡效果較差、BMS 偵測得知單電芯不良的敏感度較低；組合二的平衡單元數量多出一倍、成本較高、但平衡效果較佳、BMS 偵測得知單電芯不良的敏感度較高。至於應該採取何種組合各有利弊，則端視電池組的應用需求而定。

7-4.2 多層架構電池系統

大型電池系統通常會搭配**電源轉換系統**（power conversion system, PCS）與外界電力系統銜接，PCS 的主要功能包括**交直流轉換器**（AC/DC converter）、**充電控制器**（charger）、及**逆變器**（DC/AC inverter）等，依據電源轉換系統與電池組的相互搭配來決定直流電壓的工作範圍。基於電弧效應考量及模組化設計，目前業界常用 24V 或 48V 為單元加以串並聯成**電池立櫃**（rack），在這種情況下必須將 24V/48V 電池組視為一個大單位電池看待，搭配第二階的平衡線路加以控制，如圖7-4.3所示。

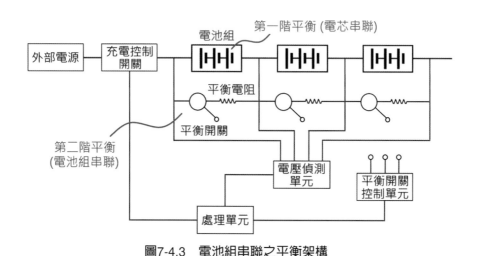

圖7-4.3　電池組串聯之平衡架構

高壓電池櫃除了電池組的電壓平衡控制，尚需考量電力線路的損耗，以及控制系統的複雜度。

請參考圖 7-4.4 與 7-4.5，以輸出功率 100KW／容量 50KWh 儲能立櫃為例，設定以 48V 的電池組為組立單元，若是採用 1248 伏特（26 組串聯）的系統需配置 40 安時的電池，又為了供給 100KW 的功率，平均輸出電流為 80 安培（2C），1248V*40A *2C ≒ 100KW；若是選擇 864 伏特（18 串聯）的系統需配置 58 安時的電池，則工作電流變成為 116 安培（2C），864V *58A *2C ≒ 100KW，對於電芯負荷而言無論那一種組合所承受的電流都一樣是 2C。再就系統線路阻抗計算，假設各電芯的內阻相對於外部阻抗小而忽略不計，且串接的導線、插座、接頭及焊點等阻抗近似，則組合一與組合二的系統線路阻抗比約為 26：18，工作電流比為 80A：116A，

系統線路阻抗損失是電流平方和阻抗的乘積，即系統線路阻抗損耗功率 $W = I^2 * R$，組合一與組合二的損耗功率比為 $80^2 * 26 : 116^2 * 18 \fallingdotseq 1 : 1.45$，由此得出在使用相同電池量下，儲能系統電壓越高工作電流越小，則系統線路損耗就越小。

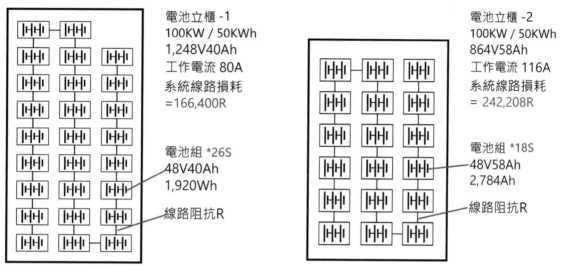

圖7-4.4　50KWh電池立櫃組合一　　　　圖7-4.5　50KWh電池立櫃組合二

如同電池組內的串並聯考量，在相同儲存電量條件下，電池櫃系統電壓越高所需**串接的電池組越多**，電池組之間的平衡難度就會增加；反之，低電壓系統由於單一電池組電容量較大，內部電芯**並聯的數量增加**，對電芯的偵測與平衡的掌握度就會降低。

請參考圖 7-4.6，針對大型高壓儲能系統（energy storage system, ESS），通常由多座電池立櫃並接而成，並聯之前即應先將立櫃之間的電壓調整成相近，除了搭配第三階的平衡線路以消彌電位差，且須以逐步附加電池立櫃的方式並接，並聯時高電壓電池立櫃會自動向低電壓電池立櫃輸送電能以達到等電位平衡。第三階平衡線路不再是以消耗高電壓電池櫃的能量來平衡，而是在並聯瞬間避免通過大電流時所產生的電弧為目的，通常會採用多個電阻形成**多階式預充線路**，控制線路電阻值由大至小依次切換限流電阻，控制邏輯在於限制**導通瞬間的最大電流值**。

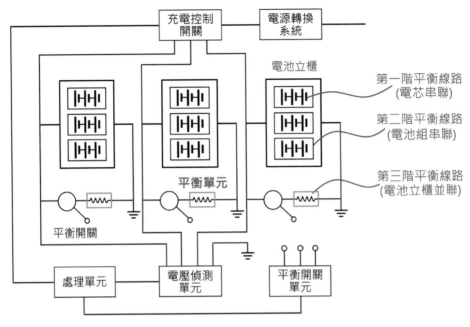

圖7-4.6　電池立櫃並聯平衡線路

7-4.3 電弧效應與預充線路

　　大電流導通瞬間很容易產生電弧。電池組的電源接點和開關，是電氣安全上的一大缺口，在電力接點剛接觸而導通電流時，即使是在低電壓狀態，只要電流足夠大就會產生電弧，譬如汽車啓動電瓶，額定電壓雖然只有 12V，但啓動電流 CCA 可高達數百安培，將正負電源線摩擦接觸時就會看見電弧的釋放。大電流的瞬間導通將原本電中性的空氣離子化，在空氣中激發出瞬間電流，鄰近若有導體或易燃物，就可能引發漏電流或火災意外。在相同阻抗下，電壓越高電流也越大，因此在切換開關時，高電壓往往伴隨大電流而製造出電弧。

　　電弧現象不僅在**電池組的開關切換**時要防範，從**電池組的組裝**就需納入設計考量，基於串聯電壓考量，爲了不使單一電池組的串聯總電壓過高，電池的串接階層數因而受到限制。將電池組串接成高壓的電池櫃時，電源接點和開關都須特別考量絕緣的保護，有些甚至需要刻意設置暫時性分割電壓的斷點，在電池組裝機完成後才將斷開的電壓接上。

　　任一層級的電氣並聯，不論是電芯、電池組、電池櫃都須先將電壓調成接近一

致，才可進行並聯組裝作業。大型高壓儲能系統通常由多座電池立櫃（rack）並接而成，多座高壓電池立櫃並聯時需一座一座的累加，第一座與第二座並聯後再並聯第三座，依序增加。並聯之前雖然已將電池立櫃之間的電壓調整成相近，不過難免仍會存在部分電壓差距，爲防止電池立櫃在並聯導通時產生電弧，可藉由預充線路的限流電阻來控制導通的電流值，避免造成瞬間大電流。

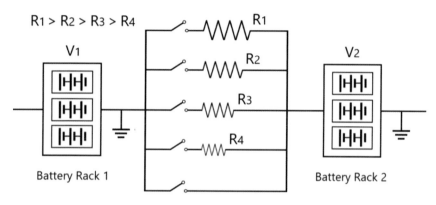

圖7-4.7　高電壓電池立櫃並聯預充線路

　　請參考圖 7-4.7，並聯兩高壓電池立櫃時，中間經由一多組並聯線路組成之**多階式預充線路**（pre-charge circuit），預設一規劃內的電壓最大差值與最大電流值，並使 **$R_1 > R_2 > R_3 > R_4$**，自高電阻 R_1 開始並接，隨著導通平衡時間兩電池櫃的壓差會縮小，導通電流也逐漸變小，在低於設定安全電流值後切換至 R_2，由於 $R_2 < R_1$，導通電流會再度**變大**，以加速電池立櫃間的平衡，復隨著導通時間電流又再次減少，然後依序切換開關，最後一道連接時兩電池立櫃的電壓差已幾近完全消除。

7-4.4 電池連接導體與接頭

　　電池之間擔負電力傳導的**導體**和**接頭**，其重要性往往被輕忽，連接導線的接頭，經常是線路阻值最高的熱點，不僅**接觸面積**和**接合壓力**會影響阻抗，甚至接觸片的氧化、彎折、焊接都會因時間老化而造成阻抗升高，電池組進行維護檢測時，導線接頭的接觸情況和接點阻值是必須查驗的重點。對於電線、銅排、鎳片等導體，**可承**

受電流值應大於工作電流是基本的要求,各類導體的可承受電流值可經由查詢導體規格得知,常用的美規 AWG 電線只要查找編號即可得到,印刷電路板也可查詢銅箔厚度 μm,或以單位面積的重量密度 oz/ft^2 來表示,再對照其單位寬度可承受電流值來取用,例如 2oz 銅箔線寬 2mm 規格查得可承受 5.1A 電流,如此對於工作電流 5A 的印刷電路板,其走線寬度至少需有 2mm 以上。

另外容易被忽略的是電池**並聯線的阻抗**,因為阻抗差異會造成電池電壓的不平衡。請參考圖 7-4.8,以兩並聯電池組為例,當進行充電時兩個電池組在節點處都接收到同樣的電壓 V_{Total},但是由於 R_1 導線較長以致電阻較 R_2 大,假設兩電池組的內阻相同情況下,依分壓原理 R_1 將會分到較大的壓降,如此當充電截止時,第一組電壓 V1 將低於 V2。

$$V_{R1} = \{ R_1 / (R_1 + R_{B1}) \} * V_{Total}, \quad V_{R2} = \{ R_2 / (R_2 + R_{B2}) \} * V_{Total}$$
$$因 R_1 > R_2,且設 R_{B1} \fallingdotseq R_{B2},又 V_{R1} > V_{R2},故 V_1 < V_2$$

相反的當執行<u>放電時</u>,根據 Kirchhoff 電壓定律,共節點的電壓相等,由於第一組將需要克服較高的阻抗 R_1 壓降,因此第一組的電流 I_1 會小於 I_2,也就是說當兩電池組並聯放電時第一組的輸出會較少,以致第一組的電壓下降會較第二組慢。

$$I_1 * (R_1 + R_{B1}) = I_2 * (R_2 + R_{B2}) = V_{Total}$$
$$因 R_1 > R_2,且設 R_{B1} \fallingdotseq R_{B2},又 I_1 < I_2,故 \Delta V_1 < \Delta V_2$$

總結而言,第一組在充電時的充電電流較小、充飽電壓較低,在放電時的輸出電流較小、電壓下降較少,代表第一組的電壓工作區間較第二組窄,有助於電池壽命的延長,而且在工作電流越大時差距會越明顯,經過長期使用的累積之後,第一組電池組的使用壽命平均會較第二組長。

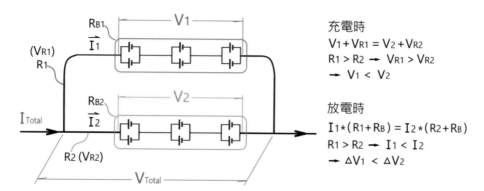

充電時
$$V_1 + V_{R1} = V_2 + V_{R2}$$
$$R_1 > R_2 \rightarrow V_{R1} > V_{R2}$$
$$\rightarrow V_1 < V_2$$

放電時
$$I_1 * (R_1 + R_B) = I_2 * (R_2 + R_B)$$
$$R_1 > R_2 \rightarrow I_1 < I_2$$
$$\rightarrow \Delta V_1 < \Delta V_2$$

圖7-4.8　並聯電池組導線阻抗差異之影響

鈦酸鋰電池管理系統規格（48V電池組）

綜合本章電池管理系統說明，以下爲一 48V 鈦酸鋰電池組的電池管理系統規格參考範例。需要特別注意的是，同爲 48V 電池組，將電池組並聯擴大電容量使用和將電池阻串聯成高壓使用，兩者的電池管理系統仍有所差異，絕不可將並聯型 BMS 與串聯型 BMS 直接互換使用。

1) 開機偵測

偵測 MOS 開關與電池電壓是否異常

2) 充電平衡

被動式平衡

1. 電池排高低電壓差平衡 $\Delta V \leqq 0.02V$

2. 絕對平衡 2.85V

3. 平衡電流 100mA，平衡功率 0.6W

3) 充飽截止電壓

1. 任一單串電池排電壓：3.0V

2. 電池組總電壓：56.0V

3. 絕對平衡啓動後 5 分鐘，強制截止充電

4. 溫度偵測 $\geqq 50℃$，強制截止充電

4) 放電保護

1. 任一單串電池排電壓 $\leqq 1.5V$，切斷輸出

2. 電池組低電量警示總電壓 $\leqq 36V$

3. 電池組切斷輸出總電壓 $\leqq 30V$

4. 溫度偵測 $\geqq 50℃$，強制截止放電

5. 熔斷式保險絲 $\geqq$ 80℃/40A

5) 顯示燈號

1. 異常警示：紅燈持續急閃
2. 充電中顯示：持續亮紅燈
3. 充飽顯示：持續亮綠燈
4. 低電量警示：綠燈持續閃動
5. 電量顯示：20%, 40%, 60%, 80%, 90% 五等份

6) 串列通訊CAN bus / Modbus

99 個電池組可任意串接，依序定址

7) Protocol內容／格式

1. 電池組總電壓
2. 電池排單串電壓
3. 電量狀態：自 30V 起五段電量顯示
4. 電池溫度：-30.0℃～60.0℃，1℃為顯示單位
5. 電池狀態：
   5-1. 放電、充電、充飽電
   5-2. 電池組總電壓
   5-3. 電池組電壓
   5-4. 低電量警示訊號
   5-5. 保險絲熔斷

電池製造程序

電池生產的製程，自原料烘烤到組裝測試完成，多達二十多站。在前段正負極原料的處理上，必須有兩套設備和製程分流處理，以防止正負極原料的混料或汙染。依製程次序，將各項生產設備表列如下：

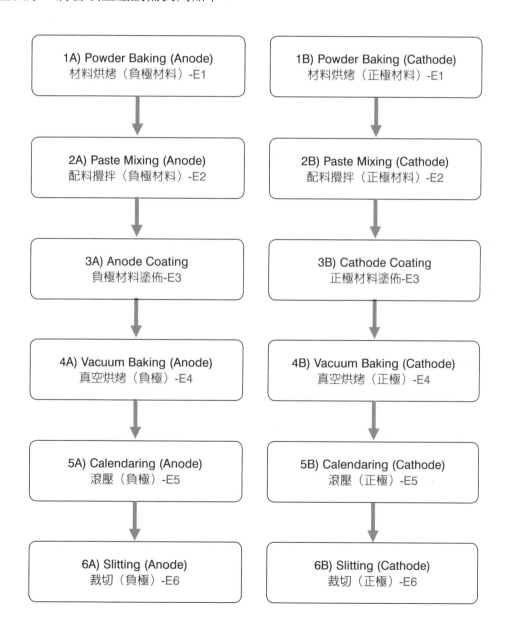

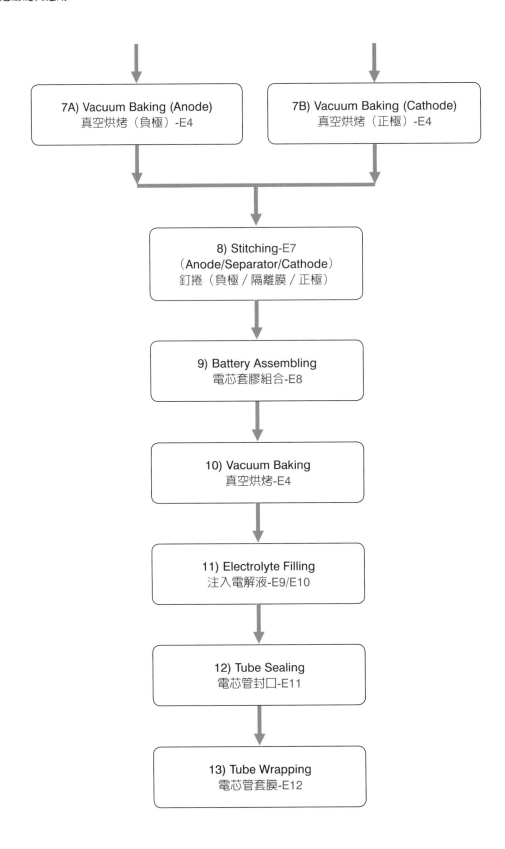

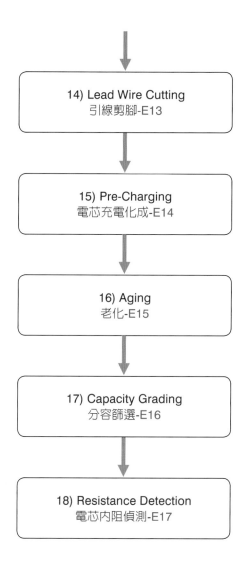

14) Lead Wire Cutting
引線剪腳-E13

15) Pre-Charging
電芯充電化成-E14

16) Aging
老化-E15

17) Capacity Grading
分容篩選-E16

18) Resistance Detection
電芯內阻偵測-E17

設備說明

E1) Powder Oven 烤箱

　　配料前烘烤正極與負極原料

E2) Paste Mixer 攪拌機

　　將各種正極與負極粉末原料配製成漿料

E3) Coating Machine 塗佈機

　　將正負極漿料塗佈成正負極片

E4) Vacuum Oven 真空烤箱

　　烘烤極片和卷芯，去除殘留水分

E5) Calendaring Machine 輥壓機

　　輥壓極片達到所需厚度

E6) Film Slitter 裁切機

依據正負極片寬度要求，裁切成單片極片

E7) Stitching Machine 釘捲機

將正負極片加隔膜捲繞成卷芯

E8) Inserting Machine 套膠粒機

捲繞正負極導針後放入鋁罐中並上膠塞

E9) Vacuum Oven 真空烤箱

烘烤極片和卷芯，去除殘留水分

E10) Electrolyte Filling Machine

注液機，將電解液注入電芯管

E11) Sealing Machine 封口機

　　注入電解液後將鋁殼密封

E12) Wrapping Machine 套膜機

　　將鋁殼圓柱電池套上 PET 套管，標示型號

E13) Wire Cutter 剪腳機

　　剪斷正負極導針

E14) Power Supply & Charger

　　化成，對電池進行初始充電（鈦酸鋰化成電壓 2.5V）

E15) Aging Heater 高溫老化

　　進行電池老化之加熱（溫度箱 45°C 放置 72 小時）

E16) Capacity Analyzer 分容櫃

電池容量測定和分選（鈦酸鋰 @1CA 充電至 2.75V 再
放電至 1.5V，續充電至 2.5V）

E17) Resistance Detecting Machine

內阻量測儀量，測電池內部阻抗（常溫靜置 168 小時後）

E18) Air Conditioner & Dehumidifier

空調系統與除濕機車間環境溫濕度管控，去除乾燥房和手
套箱之濕氣

電池常用名詞

電池特性類

C rate: ratio of working current over nominal capacity

CCA: cold cranking amperes

CCV: closed circuit voltage

CEI: cathode electrolyte interphase

DOD: depth of discharge

EMF: electromotive force

ESS: energy storage system

HEV: hybrid electric vehicle

ICL: irreversible capacity loss

ISC: internal short circuit

LFP: lithium iron phosphate

LTO: lithium titanate oxide

NMC: lithium nickel manganese cobalt oxide

NCA: lithium nickel cobalt aluminium oxide

NCMA: lithium nickel cobalt manganese aluminium oxide

OCV: open circuit voltage

RUL: remaining useful life

SEI: solid electrolyte interphase

SHE: standard hydrogen electrode

電池管理類

BMS: battery management system

CC/CV: constant current & constant voltage

OCP: over current protection

OTP: over temperature protection

OVP: over voltage protection

PTC: positive temperature coefficient current-limiting switch

SOC: state of charge

SOH: state of health

SOP: state of power

UVP: under voltage protection

晶體結構類

SC: simple cubic

BCC: body-centered cubic

CCP: cubic closest packed

FCC: face-centered cubic

HCP: hexagonal closest packed

量測技術類

ACI: alternating current impedance

ARC: accelerating rate calorimeter

EIS: electrochemical impedance spectroscopy

RRS: resonance Raman spectroscopy

SCM: scanning capacitance microscopy

SEM: scanning electron microscopy

STM: scanning tunneling microscopy

TGA: thermal gravimetric analysis

XCT: X-ray computed tomography

XPS: X-ray photoelectron spectroscopy

XRD: X-ray diffraction

參考文獻

附錄三

1. 吳永富，電化學工程原理，五南圖書出版股份有限公司，2018
2. 熊楚強、王月主編，電化學，新文京開發出版股份有限公司，2004
3. 胡會利、李寧，電化學測量，化學工業出版社，2019
4. 賈錚、戴長松、陳玲編著，電化學測量方法，化學工業出版社，2023
5. Waldfried Plieth 著，廖惟林等譯，Electrochemistry for Materials Science，材料電化學，科學出版社，2019
6. 李泓主編，鋰電池基礎科學，化學工業出版社，2021
7. 伊廷鋒、謝穎，鋰離子電池電極材料，崧燁文化事業有限公司，2022
8. 韓翠平，納米鈦酸鋰電極材料的製備、表面改性及嵌脫鋰行為，清華大學出版社，2018
9. 王順利、于春梅、華效輝、李小霞編著，新能源技術與電源管理，機械工業出版社，2019
10. 熊瑞，動力電池管理系統核心算法，機械工業出版社，2018
11. 徐曉明、胡東海，動力電池系統設計，機械工業出版社，2019
12. 喬旭彤、遲文廣、陳偉、朱玉平、薛樹成、賈曉峰、陶志軍、張聯齊、朱運征，電動汽車電池管理系統的設計開發，電子工業出版社，2018
13. 邱應軍主編，儲能電池及其在電力系統中的應用，中國電力出版社，2018
14. 丁玉龍、來小康、陳海生等合編，儲能技術及應用，化學工業出版社，2018
15. 李治宏、龔丹誠，鋰電池隔離膜發展趨勢與近況，工業材料雜誌 339 期，2015
16. 呂學隆，固態電池技術改良方向與最新進展，材料世界網，2022
17. 卓世平著，硫化物固態電解質在全固態鋰電池的最新發展趨勢，工業材料雜誌第 429 期，2022
18. 王其鈺、王朔、周格、張杰男、鄭杰允、禹習謙、李泓，鋰電池失效分析與研究進展，物理學報 Acta Physica Sinica, Vol. 67, No. 12, 2018
19. 蔡汶峰，鋰離子電池儲存老化與鋰金屬沉積之探討，台灣大學應用力學研究所碩士論文，2019

20. 方瑞欽、楊模樺，鋰離子電池老化機制與壽命評估方法，工業材料雜誌第 194 期，2003

21. 鄭錦淑，鋰電池材料熱分析研究，工業材料雜誌第 264 期，2008

22. 吳泓俊，高功率鋰電池正極材料的發展現況與市場應用，工業材料雜誌第 260 期，2008

23. 張金泉，模擬在鋰離子電池熱失控機制研究的應用，工業材料雜誌第 275 期，2009

24. 孫建中、鄭程鴻、張良吉、黃怡碩，小容量鋰電池／模組與大容量動力電池／模組設計之差異（下），工業材料雜誌第 277 期，2010

25. 謝登存，長壽命儲能鋰電池，工業材料雜誌第 393 期，2019

26. 江金龍、陳維新，鋰電池熱爆炸之動力學機制建立，燃燒季刊第 22 卷第 2 期，2013

27. Dmitry Belov、洪俊睿、謝登存，電解液及隔離膜對鋰電池安全性的影響，工業材料雜誌第 275 期，2009

28. 林淑蘋、謝登存，動力鋰電池預防內短路的對策與驗證，工業材料雜誌第 291 期，2011

29. Irmgard Hedwig Buchberger, Electrochemical and structural investigations on lithium-ion battery materials and related degradation process, Technical University of Munich, 2016

30. Peter Keil, Simon F. Schuster, Christian von Luders, Holger Hesse, etc., Lifetime ayalyses of lithium-ion EV batteries, 3rd Electromobility Challenging Issues conference, Singapore, 2015

31. Peter Keil, Andreas Jossen, Calendar aging of NCA lithium-ion batteries investigated by differential voltage analysis and coulomb tracking, Journal of The Electrochemical Society 164 A6066, 2017

32. Alexander Warnecke, Aging effects of Lithium-ion batteries, Workshop EPE Conference-Genena (Switzerland), 2015

33. Matthieu Dubarry and Arnaud Devie, Battery cycling and calender aging, Hawaii Natural Energy Institute, University of Hawaii, 2016

34. Manh-Kien Tran, Anosh Mevawalla, Attar Aziz, Satyam Panchal, Yi Xie, Michael

Fowler, A Review of Lithium-Ion Battery Thermal Runaway Modeling and Diagnosis Approaches, Processes 2022, 10, 1192

35. XuningFeng, 歐陽明高, Investigating the thermal runaway mechanisms of lithium-ion batteries based on thermal analysis database, Applied Energy 246, 2019

36. Donal P. Finegan, Eric Darcy etc., Characterising thermal runaway within lithium-ion cells by inducing and monitoring internal short circuits, Energy and Environmental Science, 2017 issue 6

37. Weifeng Fang, Premanand Ramadass, Zhengming Zhang, Study of internal short in a Li-ion cell-II. Numerical investigation using a 3D electrochemical-thermal model, Journal of Power Sources 248, (2014) 1090-1098

38. Sascha Koch, Alexander Fill, Katerian Kelesiadou, Kai Peter Birke, Discharge by short circuit currents of parallel-connected Lithium-ion cells in thermal propagation, Batteries 2019, 5, 18

39. E. Peter Roth, Christopher J. Orendorff, How electrolytes influence battery safety, 2012 Electrochemical Society, Interface 21 45

40. Manuel Weiss, Raffael Ruess, Johannes Kasnatscheew, Yehonatan Levartovsky, Natasha Ronith Levy, Philip Minnmann, Lukas Stolz, Thomas Waldmann, Margret Wohlfahrt-Mehrens, Doron Aurbach, Martin Winter, Yair Ein-Eli,* and Jürgen Janek, Fast charging of lIthium-ion batteries : A review of materials aspects, Advanced Energy Materials 2021,11,2101126

41. Tao Gao, Yu Han, Dimitrios Fraggedakis, etc., (2020), Interplay of Lithium intercalation and plating on a single graphite particle, Joule 5, 393-414, February 17, 2021

42. Corey T. Love, Olga A. Baturina, Karen E. Swider-Lyons, bservation of Lithium dendrites at ambient temperature and below, ECS Electrochemistry Letters, 4(2) A24-A27, 2015

國家圖書館出版品預行編目(CIP)資料

鋰離子電池基礎與應用/羅得良作.--初版.--臺
北市：五南圖書出版股份有限公司, 2023.07
面 ； 公分

ISBN 978-626-366-180-6(平裝)

1.CST: 電池 2.CST: 鋰 3.CST: 離子

337.42   112008797

5DM8

鋰離子電池基礎與應用

作　　者 — 羅得良（410.5）

企劃主編 — 王正華

責任編輯 — 張維文

封面設計 — 陳亭瑋

出 版 者 — 五南圖書出版股份有限公司

發 行 人 — 楊榮川

總 經 理 — 楊士清

總 編 輯 — 楊秀麗

地　　址：106台北市大安區和平東路二段339號4樓

電　　話：(02)2705-5066　　傳　　真：(02)2706-6100

網　　址：https://www.wunan.com.tw

電子郵件：wunan@wunan.com.tw

劃撥帳號：01068953

戶　　名：五南圖書出版股份有限公司

法律顧問　林勝安律師

出版日期　2023年7月初版一刷
　　　　　2024年9月初版二刷

定　　價　新臺幣480元

經典永恆·名著常在

五十週年的獻禮——經典名著文庫

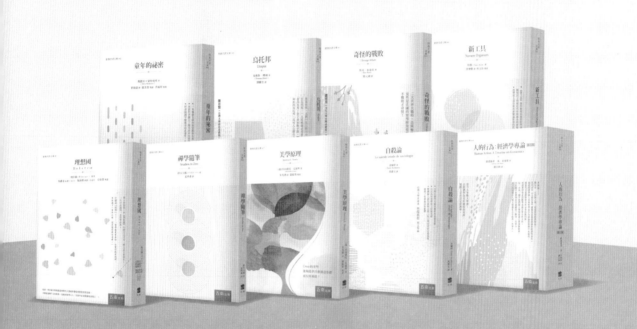

五南，五十年了，半個世紀，人生旅程的一大半，走過來了。

思索著，邁向百年的未來歷程，能為知識界、文化學術界作些什麼？

在速食文化的生態下，有什麼值得讓人雋永品味的？

歷代經典·當今名著，經過時間的洗禮，千錘百鍊，流傳至今，光芒耀人；

不僅使我們能領悟前人的智慧，同時也增深加廣我們思考的深度與視野。

我們決心投入巨資，有計畫的系統梳選，成立「經典名著文庫」，

希望收入古今中外思想性的、充滿睿智與獨見的經典、名著。

這是一項理想性的、永續性的巨大出版工程。

不在意讀者的眾寡，只考慮它的學術價值，力求完整展現先哲思想的軌跡；

為知識界開啟一片智慧之窗，營造一座百花綻放的世界文明公園，

任君遨遊、取菁吸蜜、嘉惠學子！